小学 **6** 年生
算数

学校の先生がつくった！

テスト式！
点数 UP ドリル

アップ

学力の基礎をきたえどの子も伸ばす研究会
金井 敬之 著

フォーラム・A

めざせ
100点♪

コピー
OK！

ドリルの特長

　このドリルは、小学校の現場と保護者の方の声から生まれました。

「解説がついているとできちゃうから、本当にわかっているかわからない…」

「単元のまとめページがもっとあったらいいのに…」

「学校のテストとしても、テスト前のしあげとしても使えるプリント集がほしい！」

　そんな声から、学校では**テスト**として、また**テスト前の宿題**として。ご家庭でも、**テスト前の復習や学年の総仕上げ**として使えるドリルを目指してつくりました。

　こだわった2つの特長をご紹介します。

> **1** やさしい・まあまあ・ちょいムズの3種類のレベルのテスト
> **2** 各単元に、内容をチェックしながら遊べる「チェック＆ゲーム」

　テストとしても使っていただけるよう、**観点別評価**を入れ、レベルの表示も❀で表しました。宿題としてご使用の際は、クラスや一人ひとりの**レベルにあわせて配付**できます。また、遊びのページがあることで楽しく復習でき、**やる気**も続きます。

　テストの点数はあくまでも評価の一つに過ぎません。しかし、テストの点数が上がると、その教科を得意だと感じたり、好きになったりするものです。このドリルで、**算数が好き！得意！**という子どもたちが増えていくことを願います。

- -

キャラクターしょうかい

みんなといっしょに算数の世界をたんけんする仲間だよ！

ルパたん
アルパカの子ども。
のんびりした性格。
算数はちょっとだけ苦手
だけど、がんばりやさん！

ピィすけ
オカメインコの子ども。
算数でこまったときは助けて
くれて、たよりになる！

使い方

単元の内容がチェックできて
楽しく遊べる「チェック&ゲーム」!

🌸はテストの難しさを表しているよ。
🌸🌸は、3枚中の真ん中の
難しさ（まあまあ）だよ!

〈やさしい〉

〈まあまあ〉

〈ちょいムズ〉

解きおわったら
予想得点を
書いてみよう!

観点別評価のめやすに!
★……知識・技能
★★…思考・判断・表現

丸つけしやすい別冊解答!
解き方のアドバイスつきだよ

※単元によってテストが1枚や2枚の場合もございます。
※つまずきやすい単元は、内容を細分化しテストの数を多めにしている場合もございます。
※小学校で使用されている教科書を比較検討して作成しております。お使いの教科書にない単元や問題が
　あることもございますので、ご確認のうえご使用ください。

テスト式！ 点数アップドリル 算数 6年生 目次

別冊解答

対称な図形

チェック＆ゲーム

月　　日　名前

 まちがったことを言っているのはだれかな？

うさぎ

線対称な図形は、1本の直線で2つに折るとぴったり重なるよ。

りす

線対称で点対称な図形もあるよ。

きつね

正多角形はすべて線対称な図形だよ。

たぬき

点対称な図形は、必ず線対称だよ。

くま

対称の軸の数は、正六角形なら6本、正十角形なら10本あるよ。

まちがっているのは （　　　　　　　　）

2 都道府県のマークだよ。
線対称なマークを通ってゴールまで行こう！

スタート

大阪府　長野県　神奈川県　北海道

島根県　福岡県　埼玉県　京都府

福井県　宮崎県　大分県　高知県

沖縄県　長崎県　佐賀県　愛知県

山梨県　千葉県　奈良県　東京都

ゴール

対称な図形

用意するもの…ものさし

1 （　）にあてはまる言葉を □ から選び記号で答えましょう。

(各5点)

　１本の直線を折り目にして折ったときに、ぴったり重なる図形を（①　　　）な図形といいます。

　また、その折り目にした直線を（②　　　）といいます。

　ある点を中心にして（③　　　）回転させたとき、もとの形にぴったりと重なる図形を（④　　　）な図形といい、ぴったりと重なる１組の点や辺や角を（⑤　　　）、（⑥　　　）、（⑦　　　）といいます。

　また、その中心にした点を（⑧　　　）といいます。

あ　線対称	い　点対称	う　対称の軸
え　対応する点	お　対応する辺	か　対応する角
き　180°	く　360°	け　対称の中心

2 次の図形は線対称な図形です。
　対称の軸をかきましょう。

(各5点)

①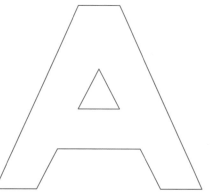

②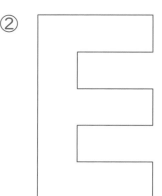

❸ 下の図は線対称な図形で直線アイは対称の軸です。　　（（　）1つ5点）

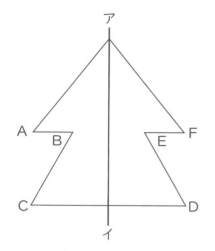

① 次の点に対応する点はどれですか。

点A…点　（　　　　）

点B…点　（　　　　）

② 辺ABに対応する辺はどれですか。

辺　（　　　　）

③ 角Cに対応する角はどれですか。

角　（　　　　）

❹ 次の点対称な図形について答えましょう。　　（（　）1つ5点）

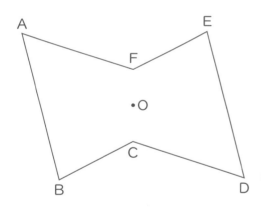

① 次の点に対応する点はどれですか。

点A…点　（　　　　）

点B…点　（　　　　）

② 辺AFに対応する辺はどれですか。

辺　（　　　　）

③ 角Aに対応する角はどれですか。

角　（　　　　）

❺ 対称の中心Oをかきましょう。　　（各5点）

①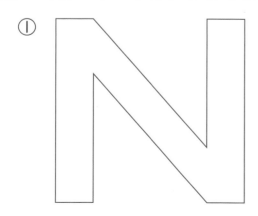

②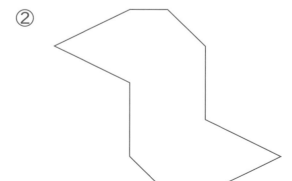

対称な図形

用意するもの…ものさし

⭐**❶** 次の図形で、線対称な図形には○を、点対称な図形には△をつけましょう。 (各5点)

①  ②  ③  ④

（　　） （　　） （　　） （　　）

⭐**❷** 下の図はアイを対称の軸とする線対称な図形です。 (各5点)

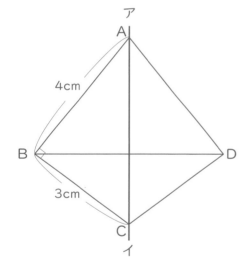

① 辺ADの長さは何cmですか。
（　　　　）

② 辺DCの長さは何cmですか。
（　　　　）

③ 角Dは何度ですか。（　　　　）

④ アイと垂直に交わる直線はどれですか。　直線（　　　　）

⭐**❸** アイが対称の軸になる、線対称な図形をかきましょう。 (各5点)

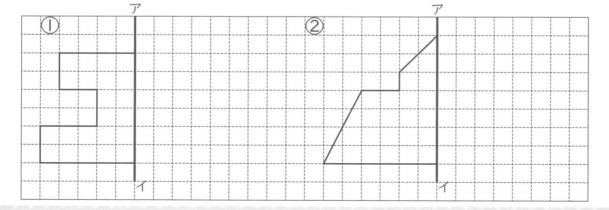

① ②

★
4 次の図形について答えましょう。

③ あ 正三角形   い 正方形   う 正五角形

① それぞれの図形に対称の軸をすべてかきましょう。 (各5点)

② 点対称な図形を選び、記号で答えましょう。 (5点)

（   ）

★
5 次の点対称な図形について答えましょう。 (（ ）1つ5点)

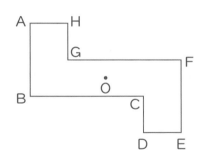

① 次の点に対応する点はどれですか。

点A…（   ）

点B…（   ）

② 辺BCに対応する辺はどれですか。

（   ）

③ 角Dに対応する角はどれですか。

（   ）

★
6 点Oが対称の中心になる、点対称な図形をかきましょう。 (各5点)

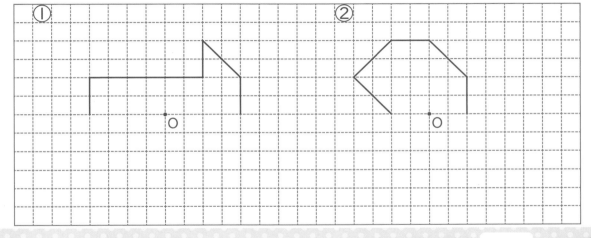

対称な図形

用意するもの…ものさし、コンパス、三角じょうぎ

１ 次の図形で線対称な図形には○を、点対称な図形には△を、線対称であり点対称でもある図形には□を、どちらでもない図形には×をつけましょう。 (各5点)

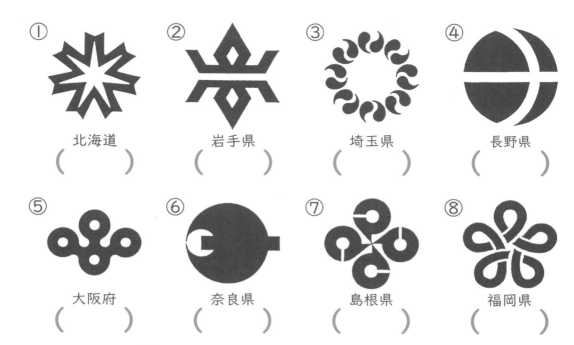

① 北海道 （　　　）　② 岩手県 （　　　）　③ 埼玉県 （　　　）　④ 長野県 （　　　）

⑤ 大阪府 （　　　）　⑥ 奈良県 （　　　）　⑦ 島根県 （　　　）　⑧ 福岡県 （　　　）

２ アイが対称の軸になる、線対称な図形をかきましょう。 (各5点)

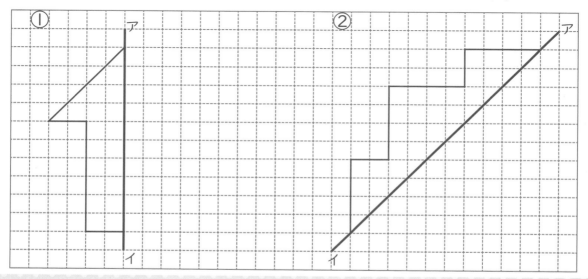

3 次の図形について答えましょう。

ⓐ 正六角形　　　ⓘ 正七角形　　　　ⓖ 正八角形

 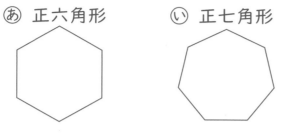 

① それぞれの図形に、対称の軸をすべてかきましょう。　（各5点）

② 点対称でない図形を選び、記号で答えましょう。　（5点）

（　　　　　）

4 次の点対称な図形について答えましょう。

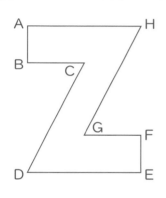

① 対称の中心Oをかき入れましょう。　（5点）

② 次の点に対応する点はどれですか。（各5点）

点A…（　　　　　）

点B…（　　　　　）

③ 角Bは90度です。角Fは何度ですか。（5点）

（　　　　　）

5 点Oが対称の中心になる、点対称な図形をかきましょう。　（各5点）

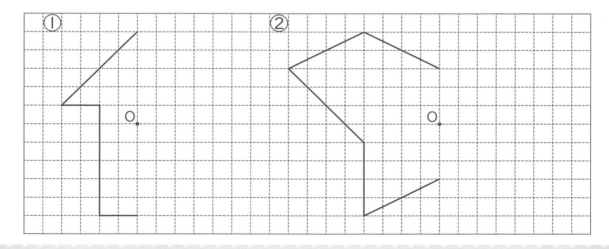

月　　日　名前

 次の文とあう式を結ぼう！

① 20円のあめを x 個買うと、代金は y 円。 ・ ・ $x + y = 20$

② わたしの折り紙 x 枚と妹の折り紙 y 枚の合計の枚数は20枚。 ・ ・ $20 \times x = y$

③ 20個のいちごから x 個食べると、y 個になった。 ・ ・ $x \div 20 = y$

④ x 個のおかしを20人で同じ数ずつ分けると、１人分は y 個。 ・ ・ $x \div y = 20$

⑤ 縦が x cm、横が y cmの長方形の面積20cm²。 ・ ・ $20 - x = y$

⑥ x 枚の折り紙を y 人で同じ数ずつ分けると、１人分は20枚。 ・ ・ $x \times y = 20$

2 $x = 5$ になる式を通ってゴールまで行こう！

スタート

$x + 7 = 12$ $x × 5 = 30$ $x ÷ 5 = 5$

$23 - x = 18$ $40 ÷ x = 8$ $13 - x = 6$

$x × 4 = 30$ $x - 2 = 3$ $15 ÷ x = 5$

$22 - x = 16$ $12 × x = 60$ $9 + x = 14$

ゴール

文字と式

月	日	名前	/100点

1 x を使った式を書きましょう。 （各10点）

① １冊120円のノートを x 冊買ったときの代金

式

② x 円のおべんとうを買って1000円札を出したときのおつりの金額

式

③ １個250円のりんご x 個を300円のかごにつめたときの、代金の合計

式

2 下の直方体について、あとの問いに答えましょう。 （各5点）

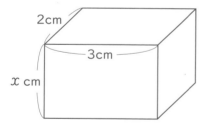

① 直方体の体積を x を使った式で表しましょう。

式

② 高さ x cmが２cmのとき、直方体の体積は何cm³ですか。

（　　　　　　　）

③ 高さ x cmが４cmのとき、直方体の体積は何cm³ですか。

（　　　　　　　）

④ 直方体の体積が36cm³のとき、高さは何cmですか。

（　　　　　　　）

③ x にあてはまる数を求めましょう。 (各5点)

① $x + 8 = 15$

② $x - 3 = 7$

③ $x \times 7 = 56$

④ $x \div 4 = 9$

④ 下の長方形について、あとの問いに答えましょう。 (各5点)

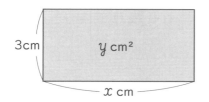

① 長方形の面積を、x、y を使った式で表しましょう。

式

② x の値が6のときの、y の値を求めましょう。

( )

⑤ 下の平行四辺形について、x を使った式を書き、高さを求めましょう。 (式・答え各10点)

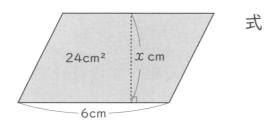

式

答え _____

1 次の場面で、xとyの関係を式に表しましょう。 （各10点）

①　1個x円のパンを3個買った代金がy円でした。
式

②　xmのリボンを5等分すると、1本ymになりました。
式

③　1Lのペットボトルの水をxL飲むと、yL残りました。
式

2 次の⑱〜⑳の式は、①〜④のどの場面にあてはまりますか。
（　）に記号を書きましょう。 （各5点）

> ⑱　$x+10$　　⑳　$x-10$　　⑨　$x×10$　　㋒　$x÷10$

①　（　　　）　xページの本を10ページ読んだときの残りの
　　　　　　　ページ数

②　（　　　）　x枚の色紙を10人で等分するときの1人分の枚数

③　（　　　）　x円のおかしを10個買ったときの代金

④　（　　　）　x人乗っていたバスに10人乗ってきたときの、
　　　　　　　乗っている全員の人数

3 x にあてはまる数を求めましょう。 (各5点)

① $x + 15 = 60$ ② $x - 15 = 60$

③ $x \times 15 = 60$ ④ $x \div 15 = 6$

4 下の三角形について、あとの問いに答えましょう。 (各5点)

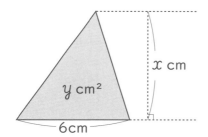

① 三角形の面積を、x、yを使った式で表しましょう。

式

② y の値が18になるときの、x の値を求めましょう。

(   )

5 下の長方形について、x を使った式を書き、横の長さを求めましょう。 (式・答え各10点)

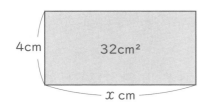

式

答え _____

予想得点…   点   19

文字と式

月　　日	名前	/100点

1 x を使った式を書き、x にあてはまる数を求めましょう。（式・答え各5点）

① 36個のいちごを x 人で同じ数ずつ分けると１人分は４個です。
式

答え _____

② １個50円のおかしを x 個買った代金が250円でした。
式

答え _____

③ １組35人と２組 x 人をあわせると68人です。
式

答え _____

2 次のあ〜えの式は、①〜④のどの場面にあてはまりますか。
（　）に記号を書きましょう。
（各5点）

あ $30+x=y$　い $30-x=y$　う $30×x=y$　え $x×y=30$

① （　　　） 30円のあめを x 個買ったときの代金が y 円

② （　　　） 底辺が x cm、高さが y cmの平行四辺形の面積
が30cm²

③ （　　　） 30枚の色紙から x 枚使ったときの残りの枚数
が y 枚

④ （　　　） 30さいの人の x 年後の年れいが y さい

20

3 えんぴつが1本50円、ノートが1冊 x 円、消しゴムが1個 100円です。次の式は、どんなことを表していますか。 (各10点)

① $50 + x \times 4$

(　　　　　　　　　　　　　　　　　　　　　)

② $x \times 3 + 100 \times 2$

(　　　　　　　　　　　　　　　　　　　　　)

4 下の三角形について、x を使った式を書き、底辺の長さを求めましょう。 (式・答え各5点)

式

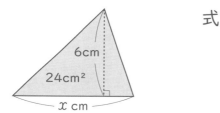

答え _____

5 40円のじゃがいもを何個かと、150円の大根を1本買います。 (各5点)

① じゃがいもの個数を x 個、全部の代金を y 円として、x と y の関係を式に表しましょう。

式

② x の値を4、5、6、…として、y の値が470になる x の値を求めましょう。

(　　　　　　　)

6 ある数 x を2倍して18をたすと32になりました。x の値を 4、5、6、…として、x の値を求めましょう。 (10点)

(　　　　　　　)

分数のかけ算

月　　日　名前

👑 ○×クイズだよ。正しい文には○を、まちがっている文には×をつけよう。

① （　　　）　$\dfrac{4}{3}$ は $\dfrac{3}{4}$ の逆数だよ。

② （　　　）　分数×分数の計算は、逆数をかけるよ。

③ （　　　）　$\dfrac{2}{5} \times \dfrac{5}{2} = 1$ だよ。

④ （　　　）　$\dfrac{3}{5} \times \dfrac{15}{4} \times \dfrac{2}{3}$ の計算で約分できるのは、5と15、4と2の2つだけだよ。

⑤ （　　　）　$2\dfrac{1}{7} \times 1\dfrac{1}{5} = 2\dfrac{1}{35}$ だよ。

分数のかけ算って、分母どうし、分子どうしをかけるんだっけ？　逆数をかけるんだっけ?!

どうだったかな？　分数のわり算とごちゃまぜにならないようにね！

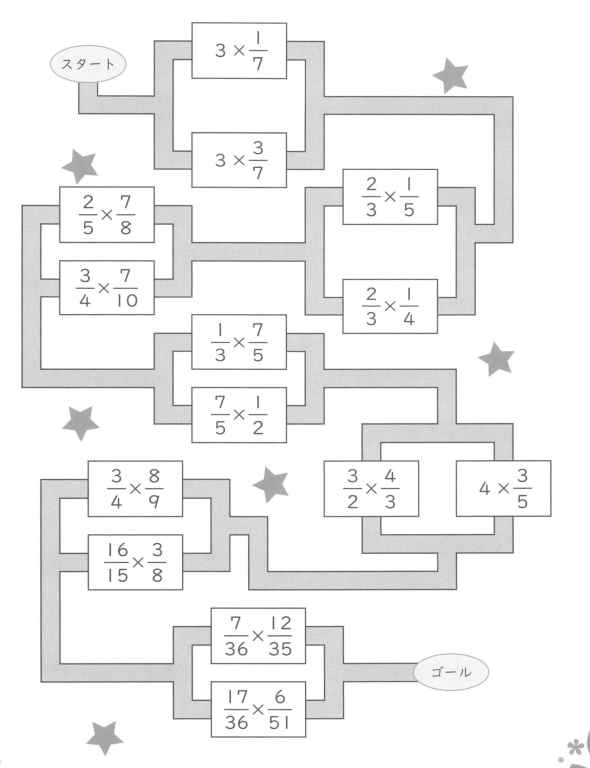

スタート

ゴール

$3 \times \dfrac{1}{7}$

$3 \times \dfrac{3}{7}$

$\dfrac{2}{5} \times \dfrac{7}{8}$

$\dfrac{3}{4} \times \dfrac{7}{10}$

$\dfrac{2}{3} \times \dfrac{1}{5}$

$\dfrac{2}{3} \times \dfrac{1}{4}$

$\dfrac{1}{3} \times \dfrac{7}{5}$

$\dfrac{7}{5} \times \dfrac{1}{2}$

$\dfrac{3}{4} \times \dfrac{8}{9}$

$\dfrac{3}{2} \times \dfrac{4}{3}$

$4 \times \dfrac{3}{5}$

$\dfrac{16}{15} \times \dfrac{3}{8}$

$\dfrac{7}{36} \times \dfrac{12}{35}$

$\dfrac{17}{36} \times \dfrac{6}{51}$

分数のかけ算

1 次の計算をしましょう。　　　　　　　　　　　　　　（各5点）

① $5 \times \dfrac{3}{4}$

② $\dfrac{7}{8} \times 3$

③ $\dfrac{5}{6} \times \dfrac{1}{3}$

④ $\dfrac{4}{7} \times \dfrac{2}{5}$

⑤ $\dfrac{5}{8} \times \dfrac{3}{10}$

⑥ $\dfrac{2}{9} \times \dfrac{3}{8}$

⑦ $\dfrac{2}{3} \times \dfrac{9}{10}$

⑧ $\dfrac{5}{12} \times \dfrac{2}{15}$

2 次の分数の逆数を書きましょう。　　　　　　　　　　（各5点）

① $\dfrac{4}{5}$ （　　　　）

② $\dfrac{2}{3}$ （　　　　）

③ $\dfrac{7}{4}$ （　　　　）

④ $1\dfrac{1}{2}$ （　　　　）

3 積が5より小さくなる式をすべて選び記号で答えましょう。

(10点)

    あ $5 \times \dfrac{3}{4}$ い $5 \times 1\dfrac{1}{4}$ う $5 \times \dfrac{6}{7}$ え $5 \times \dfrac{9}{7}$

                                                      (   )

4 縦 $\dfrac{1}{3}$ m、横 $\dfrac{5}{7}$ mの長方形の面積は何m²ですか。

(式・答え各5点)

式

                                                 答え _____

5 1mの重さが50gの針金 $\dfrac{4}{5}$ mの重さは何gですか。

(式・答え各5点)

式

                                                 答え _____

6 1Lの重さが900gの油があります。

この油 $\dfrac{2}{3}$ Lの重さは何gですか。

(式・答え各5点)

式

                                                 答え _____

分数のかけ算

<table>
<tr><td>月</td><td>日</td><td>名
前</td><td>／100点</td></tr>
</table>

1 次の計算をしましょう。 (各5点)

① $8 \times \dfrac{2}{9}$

② $\dfrac{2}{3} \times \dfrac{4}{5}$

③ $\dfrac{5}{6} \times \dfrac{3}{10}$

④ $\dfrac{3}{8} \times \dfrac{4}{9}$

⑤ $3\dfrac{1}{3} \times \dfrac{9}{10}$

⑥ $2\dfrac{2}{5} \times \dfrac{1}{4}$

⑦ $3\dfrac{3}{8} \times 1\dfrac{5}{9}$

⑧ $4\dfrac{1}{2} \times 1\dfrac{4}{9}$

2 次の数の逆数を書きましょう。 (各5点)

① $\dfrac{5}{9}$ ( )

② $\dfrac{8}{3}$ ( )

③ 4 ( )

④ 0.9 ( )

3 くふうして計算します。◯にあてはまる数を書きましょう。

(完答各5点)

① $\dfrac{3}{4} \times \dfrac{2}{5} \times \dfrac{4}{3}$

$= \boxed{} \times \dfrac{2}{5}$

$= \boxed{}$

② $\dfrac{1}{8} \times \dfrac{1}{7} + \dfrac{3}{4} \times \dfrac{1}{7}$

$= \left(\boxed{} + \boxed{} \right) \times \dfrac{1}{7}$

$= \boxed{} \times \boxed{}$

$= \boxed{}$

4 $5 \times \dfrac{\boxed{}}{4}$ の答えが5より小さくなるとき、◯の中にあてはまる1〜9の数をすべて書きましょう。

(10点)

(   )

5 1dLで$\dfrac{4}{5}$m²ぬれるペンキ$\dfrac{7}{8}$dLでぬれる面積は何m²ですか。

(式・答え各5点)

式

答え _____

6 公園に大人と子どもが24人います。

そのうち$\dfrac{3}{4}$が子どもです。子どもは何人いますか。 (式・答え各5点)

式

答え _____

1 次の計算をしましょう。　　　　　　　　　　　　　　　　（各5点）

① $12 \times \dfrac{4}{15}$

② $\dfrac{3}{8} \times 24$

③ $\dfrac{8}{9} \times \dfrac{3}{4}$

④ $\dfrac{5}{6} \times \dfrac{2}{15}$

⑤ $2\dfrac{1}{10} \times 2\dfrac{6}{7}$

⑥ $2\dfrac{4}{9} \times 1\dfrac{7}{8}$

⑦ $\dfrac{5}{6} \times \dfrac{3}{4} \times \dfrac{8}{15}$

⑧ $2\dfrac{2}{5} \times \dfrac{7}{8} \times 1\dfrac{3}{7}$

2 次の数の逆数を書きましょう。　　　　　　　　　　　　（各5点）

① 5　（　　　　　　　）

② 0.01　（　　　　　　　）

③ 0.25　（　　　　　　　）

④ 1.3　（　　　　　　　）

3 積が大きい順になるように記号で書きましょう。　(10点)

あ　$3 \times \dfrac{5}{8}$　　い　$3 \times \dfrac{8}{7}$　　う　3×1　　え　$3 \times \dfrac{7}{8}$

（　　　→　　　→　　　→　　　）

4 色のついたところの面積を求めましょう。　(式・答え各5点)

式

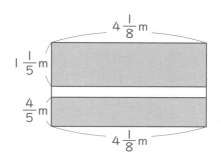

答え _____

5 1辺が$3\dfrac{1}{3}$mの正方形の面積は何m²ですか。　(式・答え各5点)

式

答え _____

6 時速60kmで走る自動車は、$2\dfrac{1}{4}$時間で何km走ることができますか。　(式・答え各5点)

式

答え _____

分数のわり算

月　　日　名前

分数のわり算のしくみをチェックしておこう！

〈例題〉

$\frac{2}{5}$ m²のかべをぬるのに、ペンキを $\frac{3}{4}$ dL使います。

ペンキ１dLでは何m²のかべがぬれますか。

図にすると…

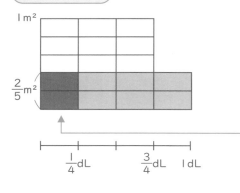

$\frac{1}{4}$ dLでぬれるかべの面積は、$\frac{2}{5}$ を３等分したココ！

１dLでぬれるかべの面積はココ４つ分だから、

$$\frac{2}{5} \times \frac{1}{3} \times 4$$

（３等分）（４つ分）

□ １つ分は $\frac{1}{15}$ だから、

答えは $\frac{8}{15}$ だよ。

$$\frac{2}{5} \div \frac{3}{4} = \frac{2}{5} \times \frac{1}{3} \times 4$$

逆数　　　　３等分して４倍

$$= \frac{2}{5} \times \frac{4}{3}$$

$$= \frac{8}{15}$$

$\frac{2}{5} \div \frac{3}{4}$ か、$\frac{3}{4} \div \frac{2}{5}$ か迷ったら、簡単な整数におきかえて考えてみよう！

暗号の手紙だよ。
計算して、ヒントの文字を入れて読んでみよう！

こんどの休みに、みんなで

$$\frac{3}{8} \div \frac{9}{11} \quad \cdot \quad 7 \div \frac{1}{2} \quad \cdot \quad \frac{7}{3} \div \frac{7}{4}$$
　①　　　　　　　②　　　　　　　③

$$\frac{4}{15} \div \frac{6}{5} \quad \cdot \quad \frac{12}{7} \div 4 \quad をするから来てね。$$
　④　　　　　　　⑤

まやちゃんの家族もいっしょだよ。

ヒント

$\frac{4}{3}$	$\frac{3}{7}$	$\frac{3}{4}$	$\frac{2}{9}$	$\frac{5}{7}$	$\frac{11}{24}$	$\frac{7}{2}$	14
ベ	ー	プ	キュ	ル	バ	キャ	ー

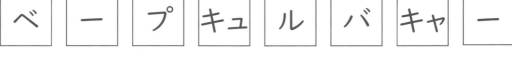

逆数にしてかけるから、①なら $\frac{3}{8} \times \frac{11}{9}$ になるね！

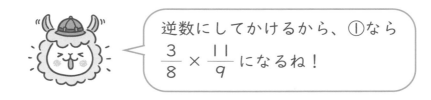

①	②	③	④	⑤

分数のわり算

月　日　名前　　　　　　　　　　　　　　　　／100点

1　□にあてはまる分数を書きましょう。　　　　　　　（各10点）

① $\dfrac{8}{15} \div \dfrac{2}{3} = \dfrac{8}{15} \times \boxed{}$

② $5 \div \dfrac{7}{9} = 5 \times \boxed{}$

2　次の計算をしましょう。　　　　　　　　　　　　（各5点）

① $5 \div \dfrac{2}{7}$

② $6 \div \dfrac{3}{8}$

③ $\dfrac{3}{4} \div \dfrac{2}{5}$

④ $\dfrac{5}{8} \div \dfrac{3}{7}$

⑤ $\dfrac{4}{5} \div \dfrac{8}{9}$

⑥ $\dfrac{5}{6} \div \dfrac{10}{11}$

⑦ $\dfrac{3}{8} \div \dfrac{9}{14}$

⑧ $\dfrac{5}{6} \div \dfrac{5}{12}$

3 商が5より大きくなる式をすべて選び記号で答えましょう。

(10点)

⟨あ⟩ $5 \div \dfrac{3}{8}$　　⟨い⟩ $5 \div \dfrac{9}{8}$　　⟨う⟩ $5 \div 1\dfrac{1}{6}$　　⟨え⟩ $5 \div \dfrac{5}{6}$

(　　　　　　　　　　)

4 $\dfrac{7}{8}$ mの重さが $\dfrac{5}{6}$ kgのホースがあります。

このホース1mの重さは何kgですか。

(式・答え各5点)

式

答え _____

5 $\dfrac{3}{5}$ mのリボンを $\dfrac{1}{15}$ mずつ切ると、何本できますか。

(式・答え各5点)

式

答え _____

6 ジュースを $1\dfrac{1}{2}$ L買うと300円でした。

このジュース1Lでは何円ですか。

(式・答え各5点)

式

答え _____

分数のわり算

1 次の計算をしましょう。　　　　　　　　　　　　　　　　（各5点）

①　$3 \div \dfrac{4}{7}$　　　　　　　　　②　$4 \div \dfrac{2}{9}$

③　$\dfrac{4}{5} \div \dfrac{3}{7}$　　　　　　　　④　$\dfrac{5}{8} \div \dfrac{3}{4}$

⑤　$\dfrac{2}{3} \div \dfrac{8}{9}$　　　　　　　　⑥　$\dfrac{9}{10} \div \dfrac{3}{5}$

⑦　$2\dfrac{1}{6} \div 1\dfrac{5}{8}$　　　　　　　⑧　$3\dfrac{1}{3} \div \dfrac{5}{9}$

2 商が大きい順になるように記号で書きましょう。　　　　（10点）

あ　$8 \div \dfrac{3}{7}$　　　い　$8 \div \dfrac{7}{6}$　　　う　$8 \div 1$　　　え　$8 \div \dfrac{6}{7}$

（　　　　　→　　　　　→　　　　　→　　　　　）

3 ▢ にあてはまる数を書きましょう。 （各10点）

① 15人は、▢人の $\frac{3}{5}$ です。

② ▢mの $\frac{1}{4}$ は25mです。

4 $\frac{5}{8}$ m²のかべをぬるのに、$\frac{7}{9}$ dLのペンキを使いました。

1dLでは何m²ぬれますか。 （式・答え各5点）

式

答え _____

5 赤いテープの長さは $\frac{1}{2}$ m、青いテープの長さは $\frac{5}{6}$ mです。

青いテープの長さは赤いテープの長さの何倍ですか。 （式・答え各5点）

式

答え _____

6 縦の長さが $\frac{2}{3}$ m、横の長さが $\frac{3}{4}$ mの長方形の紙があります。

横の長さは縦の長さの何倍ですか。 （式・答え各5点）

式

答え _____

分数のわり算

1 次の計算をしましょう。　　　　　　　　　（各5点）

① $\dfrac{3}{7} \div \dfrac{4}{5}$

② $\dfrac{7}{8} \div \dfrac{5}{12}$

③ $\dfrac{5}{6} \div \dfrac{15}{16}$

④ $\dfrac{2}{3} \div \dfrac{4}{9}$

⑤ $1\dfrac{1}{15} \div 2\dfrac{2}{5}$

⑥ $1\dfrac{1}{6} \div 1\dfrac{5}{9}$

⑦ $\dfrac{1}{8} \div \dfrac{5}{9} \div \dfrac{3}{4}$

⑧ $\dfrac{3}{4} \div \dfrac{5}{8} \div \dfrac{5}{9}$

2 商が大きい順になるように記号で書きましょう。　　（10点）

あ $9 \div \dfrac{5}{6}$　　い $9 \div \dfrac{6}{5}$　　う $9 \div 1$　　え $9 \div \dfrac{1}{6}$

（　　　→　　　→　　　→　　　）

3 □ にあてはまる分数を書きましょう。 (各10点)

① $\dfrac{4}{5}$ g の □ は $\dfrac{2}{3}$ g です。

② $\dfrac{1}{6}$ 時間は、□ 時間の $\dfrac{1}{4}$ です。

4 14km走るのに1時間10分かかりました。
時速何kmで走りましたか。 (式・答え各5点)

式

答え _____

5 ビンに水が500mL入っています。これはビン全体の $\dfrac{2}{3}$ にあ
たります。ビン全体では何mL入りますか。 (式・答え各5点)

式

答え _____

6 好きな給食のアンケートで、カレーが好きな人は、6年生全体
の $\dfrac{4}{9}$ で36人でした。6年生は何人いますか。 (式・答え各5点)

式

答え _____

小数と分数のかけ算、わり算

月　　日　　名前　　　　　　　　　　　　　　　　　　　　　　／100点

１ 次の小数を分数になおしましょう。　　　　　　　　　　（各5点）

① 0.7 $\left(\quad\right)$　② 0.11 $\left(\quad\right)$　③ 1.9 $\left(\quad\right)$　④ 3.3 $\left(\quad\right)$

２ 小数や整数を分数で表して計算しましょう。　　　　　　（各10点）

① $\dfrac{5}{8} \times 0.6$　　　　　　　　② $1.8 \div \dfrac{3}{5}$

③ $\dfrac{3}{8} \times 4 \div 0.9$

④ $1.5 \div \dfrac{3}{7} \times 2$

❸ 次の図の面積や体積を求めましょう。 （式・答え各5点）

① 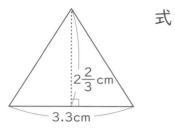 式

答え _____

② 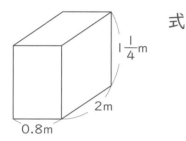 式

答え _____

❹ 体積が24m³で、縦(たて)の長さが4.5m、横の長さが $1\frac{3}{5}$ mの直方体の高さは何mですか。 （式・答え各5点）

式

答え _____

❺ れんさんは900mの道のりを自転車で $4\frac{2}{7}$ 分で走りました。ゆなさんは、れんさんの1.2倍の速さで自転車で走ったそうです。
　ゆなさんの自転車の分速を、1つの式に書いて答えを求めましょう。 （式・答え各5点）

式

答え _____

チェック＆ゲーム

比

月　　日　名前

 まちがったことを言っているのはだれかな？

いぬ

等しい比は必ず比の 値 も等しいよ。

ねずみ

２：３に等しい比は、２を２倍、
３を３倍した４：９だよ。

さる

コーヒーと 牛 乳 を同じ比で合わせると、
いつも同じ味のコーヒー牛乳ができるよ。

ぞう

a：bの比の値はa÷bで求められるよ。

ねこ

「比を簡単にする」とは、比をできるだけ
小さい数字にすることだよ。

まちがっているのは（　　　　　　）

2 3 : 2の比になるところを通ってゴールまで行こう！

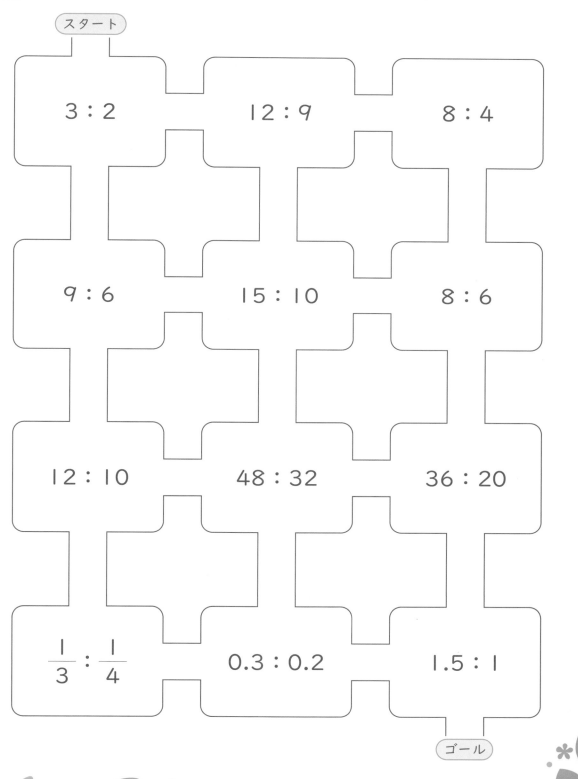

スタート

3 : 2　　　12 : 9　　　8 : 4

9 : 6　　　15 : 10　　　8 : 6

12 : 10　　　48 : 32　　　36 : 20

$\frac{1}{3} : \frac{1}{4}$　　　0.3 : 0.2　　　1.5 : 1

ゴール

比

1 比の 値 （あたい） を求めましょう。　（各5点）

① 3：5　（　　　　　）　　② 9：4　（　　　　　）

③ 6：12　（　　　　　）　　④ 24：36　（　　　　　）

2 等しい比を線で結びましょう。　（各5点）

① 1：2　●　　　　　● あ 12：18

② 2：3　●　　　　　● い 12：16

③ 3：4　●　　　　　● う 12：15

④ 4：5　●　　　　　● え 12：24

3 ☐にあてはまる数を書きましょう。　（各5点）

① 4：3 = ☐：15　　② 7：4 = 35：☐

③ 6：2 = ☐：12　　④ 24：16 = 3：☐

4 次の比を簡単にしましょう。 （各5点）

① 6：18
（　　　　　　　　）

② 16：24
（　　　　　　　　）

③ 0.3：0.5
（　　　　　　　　）

④ $\dfrac{2}{5}$：$\dfrac{4}{5}$
（　　　　　　　　）

5 わたしと妹は色紙を持っています。その枚数の比は３：４です。わたしの持っている色紙は15枚です。
　　妹は色紙を何枚持っていますか。 （式・答え各5点）

式

答え ＿＿＿＿＿＿＿＿＿＿＿＿

6 公園に人が36人います。
　　大人と子どもの比は、２：７だそうです。
　　大人と子どもの人数は、それぞれ何人ですか。 （式・答え各5点）

式

大人 ＿＿＿＿＿　子ども ＿＿＿＿＿

比

月　　日　名前

/100点

1 比の値を求めましょう。　(各5点)

① 4：7　（　　　　　）　② 6：8　（　　　　　）

③ 15：12　（　　　　　）　④ 0.5：3　（　　　　　）

2 3：4と等しい比をすべて選び、記号で答えましょう。　(完答10点)

あ 6：10　い 9：12　う 12：15　え 18：24

（　　　　　）

3 □にあてはまる数を書きましょう。　(各5点)

① 3：1 = 9：□　② 5：4 = □：24

③ 24：16 = □：2　④ 56：35 = 8：□

4 次の比を簡単にしましょう。　(各5点)

① 12：18
（　　　　　）

② 21：56
（　　　　　）

③ 0.6：0.9
（　　　　　）

④ $\dfrac{2}{3}：\dfrac{3}{4}$
（　　　　　）

5 縦と横の長さの比が３：４の長方形があります。
縦の長さが12cmのとき、横の長さは何cmですか。 (式・答え各5点)

式

答え _____

6 36mのロープを７：５の長さになるように分けます。
何mと何mになりますか。 (式・答え各5点)

式

答え _____

7 ある学校の５年生と６年生の人数をあわせると108人です。
５年生と６年生の人数の比は４：５です。
それぞれの学年の人数を求めましょう。 (式・答え各5点)

式

答え _____

予想得点… ____ 点　45

1 比の値を求めましょう。 (各5点)

① 24：8 （　　　　　）　② 35：21 （　　　　　）

③ 16：36 （　　　　　）　④ 1.2：0.9 （　　　　　）

2 3：2と等しい比をすべて選び、記号で書きましょう。 (完答10点)

あ 1.5：1　　い 0.3：2　　う $\frac{3}{4}$：$\frac{2}{5}$　　え $\frac{1}{7}$：$\frac{2}{21}$

（　　　　　）

3 ☐ にあてはまる数を書きましょう。 (各5点)

① 6：7 = 30：☐　　② 39：52 = 3：☐

③ 3：0.5 = ☐：2　　④ 1.8：4.5 = ☐：5

4 次の比を簡単にしましょう。 (各5点)

① 18：51 （　　　　　）　② 0.8：2.4 （　　　　　）

③ $\frac{2}{5}$：$\frac{1}{3}$ （　　　　　）　④ $\frac{3}{4}$：$\frac{5}{6}$ （　　　　　）

5 長さ３ｍのテープを、わたしと妹で分けます。

わたしと妹の比を３：２にするには、それぞれ何ｍずつにするとよいですか。小数で答えましょう。 （式・答え各５点）

式

答え _____

6 縦と横の長さの比が２：３の長方形があります。

その長方形のまわりの長さが20cmのとき、縦と横の長さはそれぞれ何cmですか。 （式・答え各５点）

式

答え _____

7 あきかんを、昨日と今日で48個ひろいました。今日ひろった数は昨日の３倍でした。

昨日と今日にひろった数はそれぞれ何個ですか。 （式・答え各５点）

式

答え _____

拡大図と縮図

月　　日　名前

👑 ○×クイズだよ。正しい文には○を、まちがっている文には×をつけよう。○をつけた記号だけ読むと、ある言葉になるよ。

ハ（　　　）　　正方形の１辺を２倍の長さにすると、面積も２倍になる。

ス（　　　）　　どんな正多角形も拡大図と縮図の関係になるので、正八角形どうしならどんな大きさでも拡大図と縮図の関係になるといえる。

ア（　　　）　　三角形を２倍に拡大すると、それぞれの角も２倍になる。

イ（　　　）　　１万分の１の地図上で２cmのときの、実際のきょりは、２cmを１万倍した長さ。

カ（　　　）　　１万分の１の地図と５万分の１の地図では、１万分の１の地図の方がより細かい部分まで表示される。

ム（　　　）　　１万分の１の地図上で１cmのときの、実際のきょりは１km。

ヒント　夏といえば…　　○○○

⓶ あの拡大図と縮図を選ぼう。

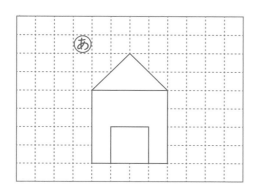

屋根や窓の形にも注意してね。

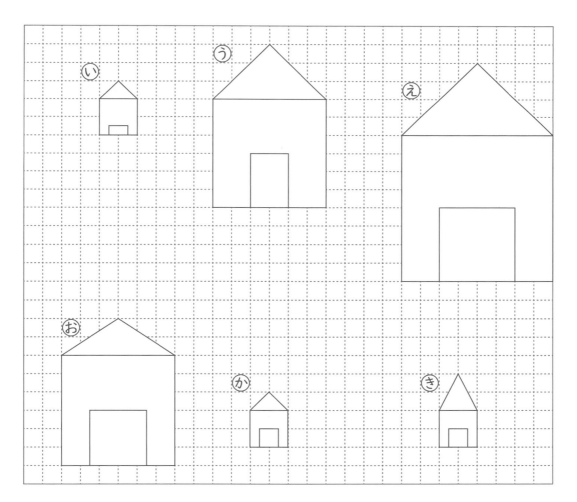

拡大図　　　　縮図

（　　　　　）と（　　　　　）

拡大図と縮図

| 月 | 日 | 名前 | /100点 |

用意するもの…ものさし

1 下の図で⑤の三角形の拡大図（かくだいず）、縮図（しゅくず）になっているものを選び、記号で書きましょう。 (各10点)

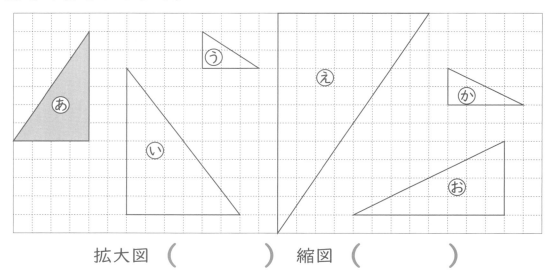

拡大図 （　　　　　　） 縮図 （　　　　　　　）

2 三角形DEFは三角形ABCの２倍の拡大図です。 (( ) 1つ5点)

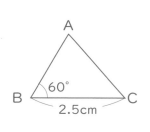
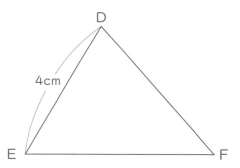

① 辺ABに対応する辺は
どれで、何cmですか。 （辺　　　　　）、（　　　　　）cm

② 角Bに対応する角は
どれで、何度ですか。 （角　　　　　）、（　　　　　）°

③ 辺BCに対応する辺は
どれで、何cmですか。 （辺　　　　　）、（　　　　　）cm

3 次の図形の２倍の拡大図と $\dfrac{1}{2}$ の縮図をかきましょう。　(各10点)

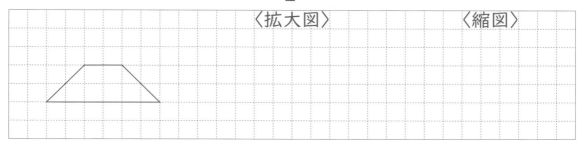

〈拡大図〉　　　　　　　　　〈縮図〉

4 次の三角形ABCの 頂点B を中心にして、２倍の拡大図と $\dfrac{1}{2}$ の縮図をかきましょう。　(各10点)

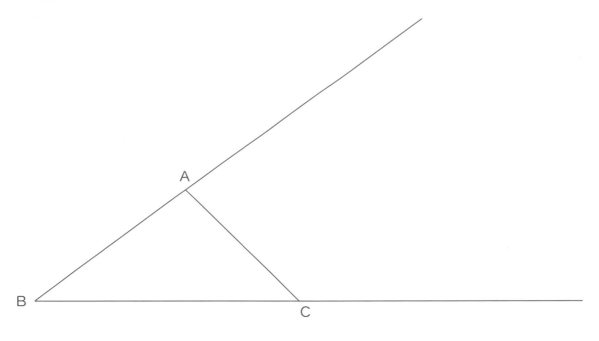

5 BCの実際のきょりは３ｍです。
三角形の辺の長さをはかって、木の高さを求めましょう。　(10点)

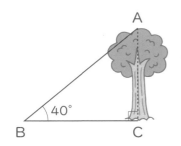

（　　　　　　）

拡大図と縮図

月　　日　　名前　　　　　　　　　　　　　　/100点

用意するもの…ものさし

1 下の図で⑤の四角形の拡大図、縮図になっているものを選び、記号で答えましょう。 (各10点)

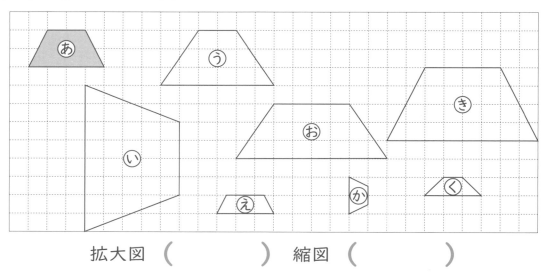

拡大図 （　　　　　　） 縮図 （　　　　　　）

2 四角形EFGHは四角形ABCDの2倍の拡大図です。 (( ) 1つ5点)

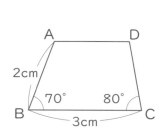

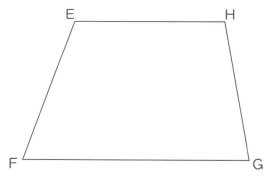

① 辺ABに対応する辺は
どれで、何cmですか。　　　　　（辺　　　　　）、（　　　　　）cm

② 角Bに対応する角は
どれで、何度ですか。　　　　　（角　　　　　）、（　　　　　）°

③ 辺BCに対応する辺は
どれで、何cmですか。　　　　　（辺　　　　　）、（　　　　　）cm

❸ 次の図形の2倍の拡大図と $\frac{1}{2}$ の縮図をかきましょう。 （各10点）

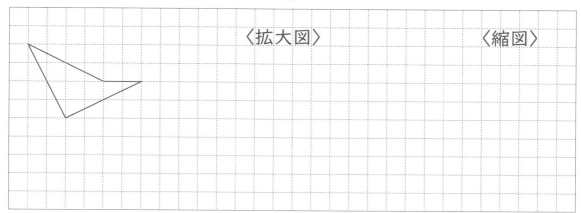

〈拡大図〉　　　　　　　　〈縮図〉

❹ 次の四角形ABCDの 頂点Bを中心にして、2倍の拡大図と $\frac{1}{2}$ の縮図をかきましょう。 （各10点）

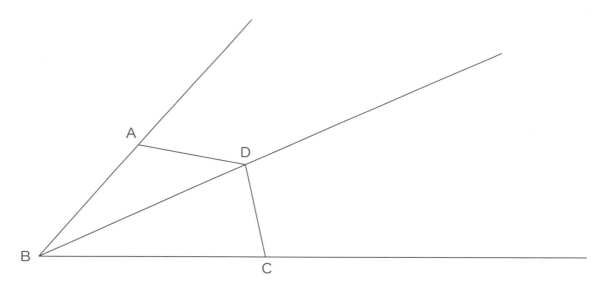

❺ 縦が25mあるプールの縮図をかきました。縮尺を求めましょう。 （10点）

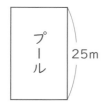

答え　1：（　　　　　）

拡大図と縮図

用意するもの…ものさし、分度器

1 下の図で、おたがいが２倍の拡大図、$\frac{1}{2}$ の縮図になっているものを３組選びましょう。 (各10点)

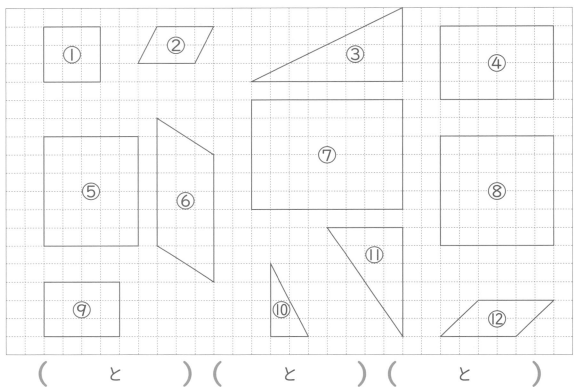

（　　と　　）（　　と　　）（　　と　　）

2 下の図でACの川はばの実際の長さは何mですか。$\frac{1}{500}$ の縮図をかいて求めましょう。 (図・答え各10点)

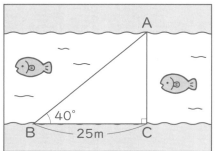

ACの長さは

（　　　　）m

3 次の図形の2倍の拡大図と $\frac{1}{2}$ の縮図をかきましょう。　　(各10点)

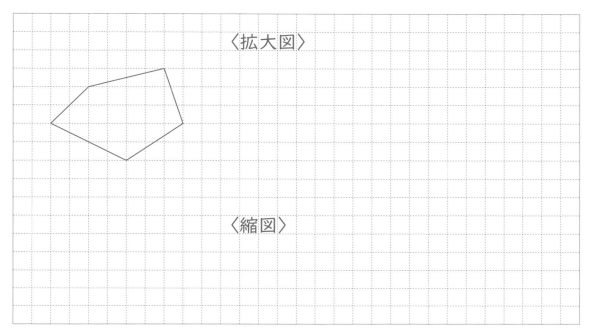

〈拡大図〉

〈縮図〉

4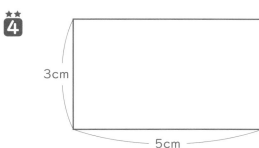

3cm

5cm

左の長方形は100mを5cmに縮小した土地の図です。　(各5点)

① 縮尺（しゅくしゃく）は何分の1ですか。

（　　　　　　）

② 土地の面積を求めましょう。　　（　　　　　　）m²

5 表の（ ）にあてはまる数を書きましょう。　(（ ）1つ5点)

実際の 長さ	（① 　　　）m	500m	2km	5km
縮図上の 長さ	3cm	（② 　　　）cm	20cm	10cm
縮尺	$\frac{1}{1000}$	$\frac{1}{5000}$	（③ 　　　）	（④ 　　　）

円の面積

月　　日　名前

👑 下の図形の色のついたところの面積は、一部を動かすと簡単に
計算できるよ。図形と式があうように線で結ぼう！

あ

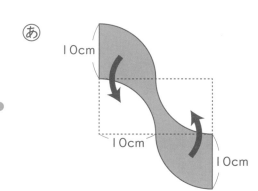

① 10×20＝200
　　　　200cm²

い

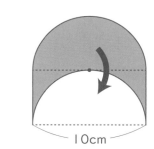

② 20×20＝400
　　　　400cm²

う

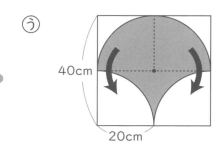

③ 5×10＝50
　　　　50cm²

え

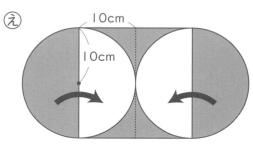

④ 20×40＝800
　　　　800cm²

面積が大きくなる方を選んでゴールまで行こう！

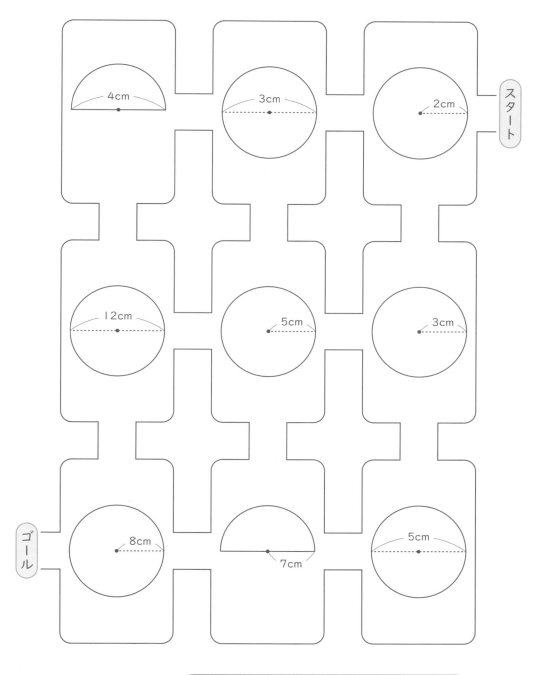

 どの円も「×3.14」の部分は同じだから、半径の長さで比べられるね！半円に注意しよう！

円の面積

1 次の①、②を求める式とあうように、線で結びましょう。　（完答10点）

① 円周　　●　　　　　●　あ　直径×3.14

　　　　　　　　　　　●　い　直径×直径×3.14

② 円の面積　●　　　　●　う　半径×半径×3.14

2 次の円の面積を求めましょう。　（式・答え各5点）

①

式

答え _____

②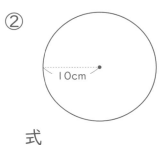

式

答え _____

③

式

答え _____

④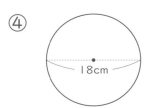

式

答え _____

❸ 次の図形の色のついたところの面積を求めましょう。（式・答え各5点）

①
5cm

式

答え _____

②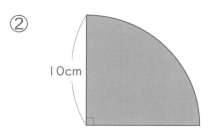
10cm

式

答え _____

③
10cm
10cm

式

答え _____

④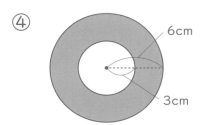
6cm
3cm

式

答え _____

⑤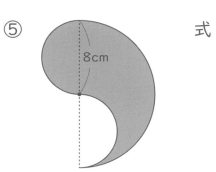
8cm

式

答え _____

1 円の面積を求める公式を考えます。㋐〜㋒にあてはまる言葉を ▢ から選び、記号で答えましょう。

(( ) 1つ10点)

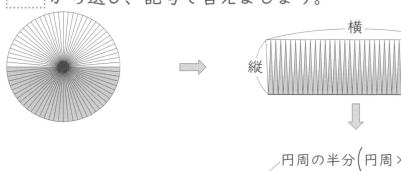

横

縦

円周の半分（円周×$\frac{1}{2}$）

半径

長方形の面積 ＝ 縦 × 横
　　　　　　　　　↓　　　↓

円の面積 ＝ (㋐) × (㋑) × $\frac{1}{2}$

　　　　 ＝ (㋐) × (㋒) × (㋓) × $\frac{1}{2}$

　　　　 ＝ (㋐) × (㋐) × (㋓)

㋐ (　　　) ㋑ (　　　) ㋒ (　　　) ㋓ (　　　)

① 直径　　② 半径　　③ 円周　　④ 円周率

2 半径3cmの円の面積を求めましょう。

(式・答え各5点)

式

答え

3 次の図形の色のついたところの面積を求めましょう。（式・答え各5点）

① 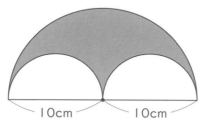　　式

答え _____

② 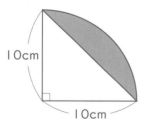　　式

答え _____

③ 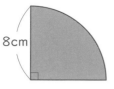　　式

答え _____

④ 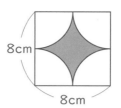　　⑤

式　　　　　　　　　　　　　　　式

答え _____　　答え _____

円の面積

1 円の面積を求める公式を考えます。㋐〜㋓にあてはまる言葉を

　　　から選び、記号で答えましょう。　　　　　　　　　　（各10点）

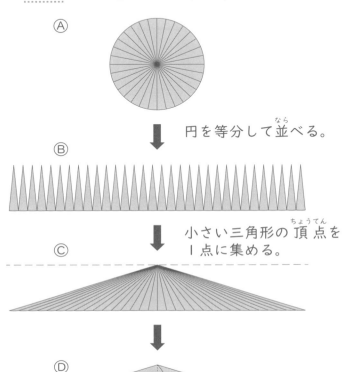

Ⓐ

円を等分して並べる。

Ⓑ

小さい三角形の頂点を
1点に集める。

Ⓒ

Ⓓ　半径　円周

左の図から、円を三角
形とみて面積を求められ
ることがわかります。

Ⓓより、円の面積は、
= （㋐）×（㋑）÷2
で表すことができます。

（㋐）=（㋒）×（㋓）
なので、円の面積は
（㋑）×（㋑）×（㋓）
となります。

㋐ （　　　） 　㋑ （　　　） 　㋒ （　　　） 　㋓ （　　　）

① 直径　　② 半径　　③ 円周　　④ 円周率

2 円周が18.84cmの円の面積を求めましょう。　　（式・答え各5点）

式

答え

3 次の図形の色のついたところの面積を求めましょう。（式・答え各5点）

①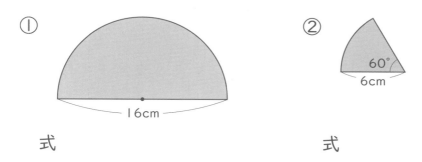

式

答え _____

②

式

答え _____

③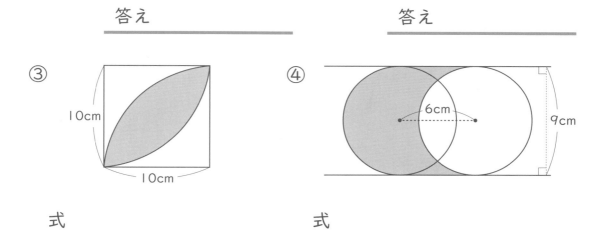

式

答え _____

④

式

答え _____

4 次のあといの色のついたところの面積が等しくなるわけを「正方形」と「円」という言葉を使って説明しましょう。 （10点）

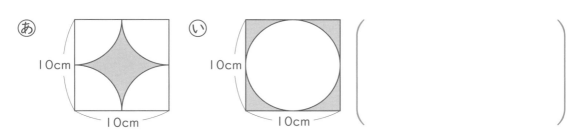

あ 10cm / 10cm

い 10cm / 10cm

👑 次の2つのあなを、どちらもすき間なく通る立体1つに〇をつけて、その名前を書こう！

向きを変えればどちらのあなも
すき間なく通る形があるよ。

①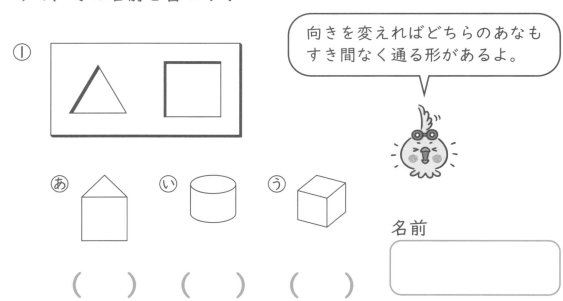

あ　　　　　い　　　　　う

（　　）　（　　）　（　　）

名前
```
                    
```

②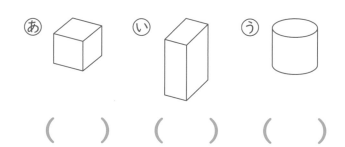

あ　　　　　い　　　　　う

（　　）　（　　）　（　　）

名前
```
                    
```

2 角柱や円柱があるよ。立体の記号を、体積が大きい順に読んで みよう。どんな言葉になるかな？

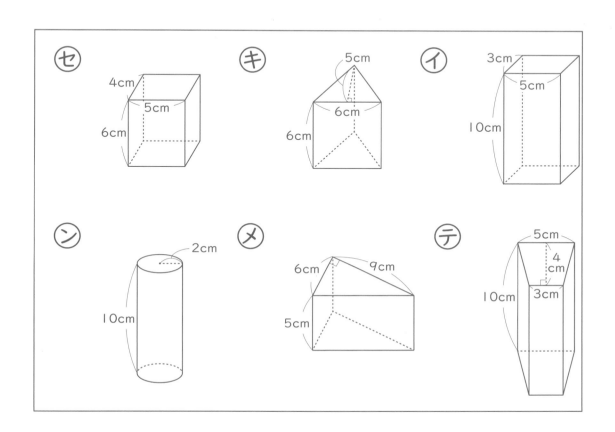

出てくる言葉は、立体の体積を 求めるのに必要なものだよ。

体積が大きい順に読むと… ◯ ◯ ◯ ◯ ◯ ◯

角柱と円柱の体積

月　　　日　名前　　　　　　　　　　　　　　　　　　　　　／100点

1 （　）にあてはまる言葉を書きましょう。　（完答各10点）

① 角柱の体積 ＝ （　　　　　　）×（　　　　　　）

② 円柱の体積 ＝ （　　　　　　）×（　　　　　　）

2 （　）にあてはまる言葉を ▭ から選んで書きましょう。（各5点）

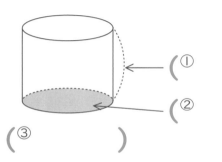

（① 　　　　）
（② 　　　　）
（③ 　　　　　　　　）

（　　　　）→
→（　　　　）
（④ 　　　　　　　　）

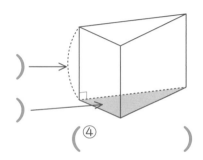

> 三角柱　　円柱　　底面積　　高さ

3 次の立体の体積を求めましょう。　（式・答え各5点）

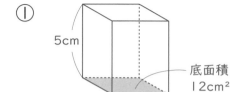

① 5cm　底面積 12cm²

式

答え＿＿＿＿＿＿＿＿

② 5cm　底面積 13cm²

式

答え＿＿＿＿＿＿＿＿

66

4 次の立体の体積を求めましょう。 （式・答え各5点）

①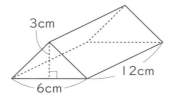

式

答え _____

②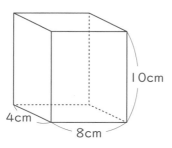

式

答え _____

③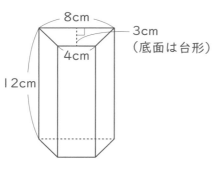

式

答え _____

④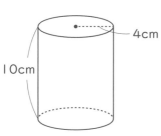

式

答え _____

角柱と円柱の体積

1 （　）にあてはまる言葉を書きましょう。　　　　（□ 完答各10点）

① 角柱の体積 ＝ （　　　　　） × （　　　　　）

② 円柱の体積 ＝ （　　　　　） × （　　　　　）

（　　　　　） × （　　　　　） × 3.14

2 次の立体の体積を求めましょう。　　　　（式・答え各5点）

①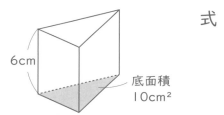

6cm
底面積 10cm²

式

答え

②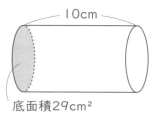

10cm
底面積29cm²

式

答え

③ 底面積が15cm²、高さが8cmの六角柱の体積

式

答え

68

3 次の立体の体積を求めましょう。

① 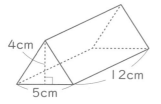　　式

答え _____

② 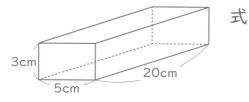　式

答え _____

③ 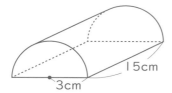　式

答え _____

4 次の展開図を組み立ててできる立体の体積を求めましょう。

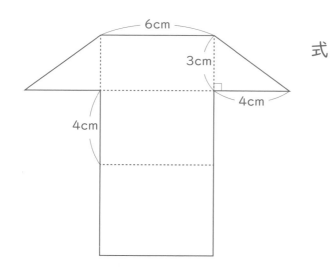　式

答え _____

角柱と円柱の体積

1 次の立体の体積を求めましょう。　　　　　　(式・答え各5点)

①
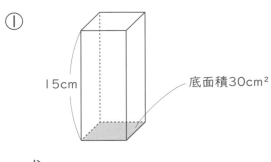

15cm　　底面積30cm²

式

答え ＿＿＿＿＿＿＿＿

②
12cm　　底面積35cm²

式

答え ＿＿＿＿＿＿＿＿

③
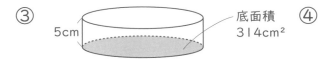

5cm　　底面積 314cm²

式

答え ＿＿＿＿＿＿＿＿

④
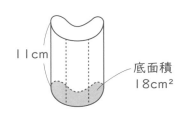

11cm　　底面積 18cm²

式

答え ＿＿＿＿＿＿＿＿

2 体積が60cm³の三角柱の高さを求めましょう。　(式・答え各5点)

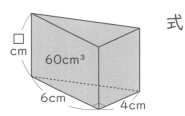

□cm　60cm³　6cm　4cm

式

答え ＿＿＿＿＿＿＿＿

❸ 次の立体の体積を求めましょう。

（式・答え各5点）

① 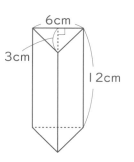　　　　式

答え _____

② 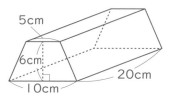　　　　式

答え _____

③ 　　　　式

答え _____

❹ 次の展開図について答えましょう。

（式・答え各5点）

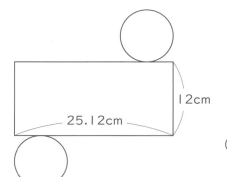

① 底面の円の直径は何cmですか。

式

答え _____

② 円柱の体積を求めましょう。

式

答え _____

およその面積と体積

月　　日　名前

👑 次のもののおよその面積や体積（容積）を求めるときに、どんな図形や立体に見立てるとよいかな？

① 古墳（こ ふん）　　　●　　　　　　● 直方体

② イチョウの葉　　　●　　　　　　● 円と台形

③ 牛乳パック　　　●　　　　　　● 三角形

④ 陸上のトラック　　　●　　　　　　● 円と長方形
　　とフィールド

⑤ ショートケーキ　　　●　　　　　　● 台形

⑥ 青森県　　　●　　　　　　● 円柱

⑦ ロールケーキ　　　　　　●　　　　　　● 三角柱

2 半径7cmの円の中に、正十六角形がかかれているよ。
円を正十六角形とみて、円のおよその面積を考えてみよう！

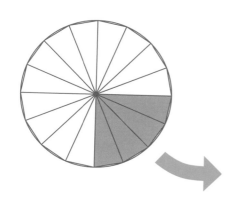 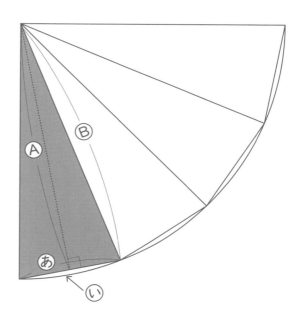

① ▲ をどんな図形に見立てているかな？　○をつけよう。

（　　正三角形　　・　　二等辺三角形　　）

② 底辺はあといのどちらかな？　　　　　　　　（　　　　　　　）

③ 高さはⒶとⒷのどちらかな？　　　　　　　　（　　　　　　　）

④ 底辺の長さは約2.7cm、高さは約6.9cmだよ。
三角形の面積を求めて、円のおよその面積を求めよう！

三角形　　2.7 × 6.9 ÷ 2 = （　　　　　　　）

円　　　（　　　　　　　）× 16 = （　　　　　　　）
（正十六角形）

答え（　　　　　　　）cm²

※実際の面積は153.86cm²

およその面積と体積

月　　日　　名前　　　　　　　　　　　　　　/100点

1 琵琶湖(びわこ)の大きさを表しています。

22km

60km

（実際の面積は約670km²）

① およその面積を求めるには、どんな図形とみるとよいですか。 (5点)

（　　　　　　　　　　）

② およその面積を求めましょう。 (式・答え各10点)

式

答え _____

2 古墳(こふん)の大きさを表しています。

50m

8000m²

① およその面積を求めるには、どんな図形とみるとよいですか。 (完答5点)

（　　　　　　）と（　　　　　　）

② およその面積を求めましょう。 (式・答え各10点)

式

答え _____

3 球場の大きさを表しています。

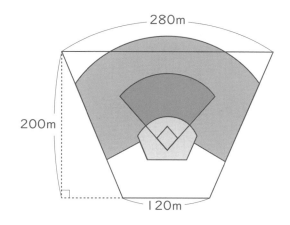

280m

200m

120m

① およその面積を求めるには、どんな図形とみるとよいですか。 （5点）

（　　　　　　　　　　）

② およその面積を求めましょう。 （式・答え各10点）

式

答え _____

4 コップの大きさを表しています。

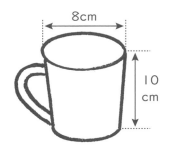

8cm

10 cm

① およその容積を求めるには、どんな立体とみるとよいですか。 （5点）

（　　　　　　　　　　）

② およその容積を求めましょう。 （式・答え各10点）

式

答え _____

およその面積と体積

★ **1** 次のような池があります。

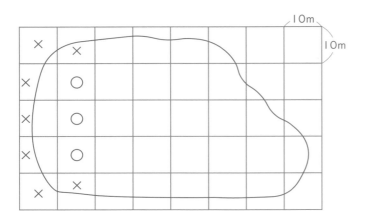

① 池の図にマス目をかき、１マス全部がわく内に入っていれば○、少しでもマス目が欠けていれば×をつけます。
　図に○と×を記入しましょう。（全く入っていないところには何もかきません）　（10点）

② ○ を 10 × 10 ＝ 100（m²）、× を100m²の半分の50m²と考えて、池のおよその面積を求めましょう。　（（　）1つ5点・答え10点）

○　100（m²）×（あ　　　　　）（個）＝（い　　　　　）（m²）

×　50（m²）×（う　　　　　）（個）＝（え　　　　　）（m²）

答え　　　　　　　　　　　

★ **2** 次の葉のおよその面積を、**1** のやり方で求めましょう。

（式・答え各10点）

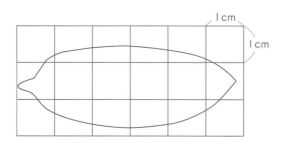

式

答え

3 かんづめのおよその容積を求めましょう。 （式・答え各10点）

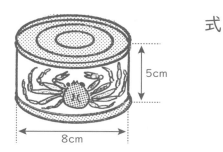

式

答え _____

4 次のような浴そうがあります。

この浴そうを底面が台形の四角柱とみて、およその容積を求めましょう。 （式・答え各10点）

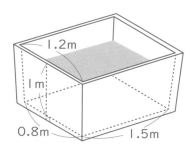

式

答え _____

比例と反比例

月　　日　名前

 ①～⑨から、比例のグラフを３つ選ぼう！

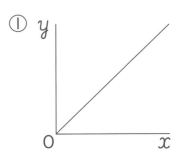

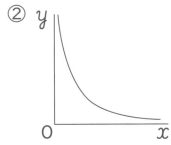

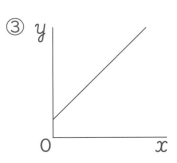

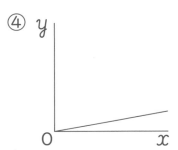

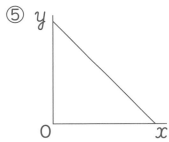

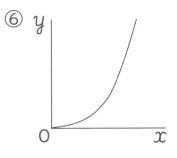

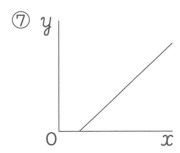

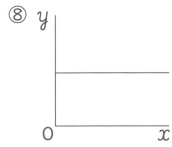

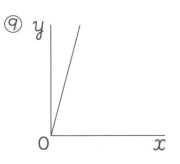

（　　　）と（　　　）と（　　　）

👑 2 次の文で、比例に関するものには「比」、反比例に関するものには「反」と書こう。「比」と書いた文の記号だけ読むと、ある言葉が出てくるよ！

ピ （　　　）　　x の 値 が 2 倍、3 倍、…になると、y の値が 2 倍、3 倍、…になる。

ア （　　　）　　x の値が 2 倍、3 倍、…になると、y の値が $\frac{1}{2}$ 倍、$\frac{1}{3}$ 倍、…になる。

タ （　　　）　　同じ太さの針金の、長さと重さの関係。

ゴ （　　　）　　折り紙 1 枚の重さを調べるのに、数十枚分の重さをはかって計算する考え方。

テ （　　　）　　面積が 24cm² の長方形の、縦の長さと横の長さの関係。

ラ （　　　）　　グラフに表すと直線で、0 の点を通る。

ス （　　　）　　1 個 80 円のトマトを買う個数と値段の関係。

出てくるのは、人物の名前だよ！ 比例の考え方を使って、ドレミファソラシドの音階を作ったスゴイ人だよ。

比例と反比例

/100点

用意するもの…ものさし

1 次の①、②の説明とあうように線で結びましょう。 (各5点)

① 比例 ●　　　● あ

> ２つの量 x と y があり、x の値が２倍、３倍、…になると、y の値が $\dfrac{1}{2}$ 倍、$\dfrac{1}{3}$ 倍、…になる。

② 反比例 ●　　　● い

> ２つの量 x と y があり、x の値が２倍、３倍、…になると、y の値も２倍、３倍、…になる。

2 次の２つの量が比例するものには〇を、反比例するものには△をつけましょう。 (各5点)

① (　　　　) 12kmの道のりを歩く速さとかかる時間

② (　　　　) 時速12kmで走る自転車の進む時間と道のり

3 下の表は、底辺が４cmの平行四辺形の高さと面積を表しています。 (各10点　※①は完答)

① 表を完成させましょう。

高さ x (cm)	1	2	3	4	5
面積 y (cm²)	4	8			

② グラフに表しましょう。

③ y を x の式で表しましょう。

$y = ($　　　　　　　　$)$

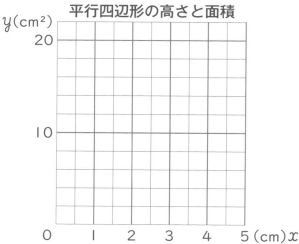

平行四辺形の高さと面積

4 下の表は、面積が12cm²の長方形の縦の長さと横の長さを表しています。

(各10点　※①は完答)

縦の長さ　x（cm）	1	2	3	4	5	6	8	12
横の長さ　y（cm）	12				2.4		1.5	1

① 表を完成させましょう。

② 縦の長さ×横の長さの値はいくつですか。　　（　　　　　）

③ y を x の式で表しましょう。

$y = ($　　　　　　$)$

④ 縦の長さ x cmが10cmのときの横の長さ y cmは何cmですか。

（　　　　　　）

⑤ グラフに表しましょう。

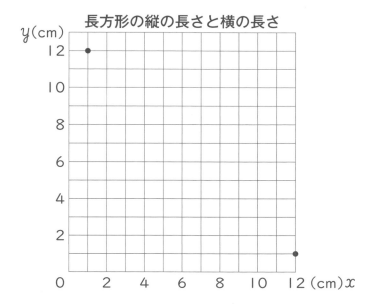

長方形の縦の長さと横の長さ

比例と反比例

用意するもの…ものさし

1 次の２つの数量が比例するものには○を、反比例するものには△を、どちらでもないものには×をつけましょう。 (各5点)

① （　　　）　１cmが３gの針金の長さと重さ

② （　　　）　１日の昼と夜の長さ

③ （　　　）　正方形の１辺の長さとまわりの長さ

④ （　　　）　正方形の１辺の長さと面積

⑤ （　　　）　面積が18cm²の長方形の縦と横の長さ

⑥ （　　　）　60kmの道のりを走る車の速さとかかる時間

2 水そうに１分間に２cmずつ深さが増えるように水を入れます。表は、水を入れる時間と深さを表しています。 (各10点　※①は完答)

① 表を完成させましょう。

時間　x（分）	1	2	3	4	5
深さ　y（cm）	2				

② グラフに表しましょう。

③ y を x の式で表しましょう。

$y =$ （　　　　　　　）

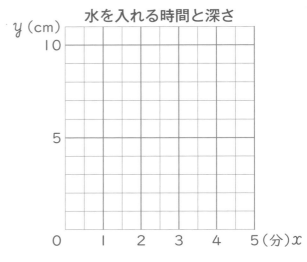

水を入れる時間と深さ

3 下の表は、1分間に入れる水の量と、水そうがいっぱいになるまでにかかる時間を表しています。

1分間に入れる水の量 x（L）	1	2	3	4	5	6	10	12
かかる時間　　　　　　　y（分）	36	18				6		

① 表を完成させましょう。　　　　　　　　　　　　　　（□1つ2点）

② y を x の式で表しましょう。　　　　　　　　　　　（10点）

$y = ($　　　　　　　　$)$

③ グラフに表しましょう。　　　　　　　　　　　　　　（10点）

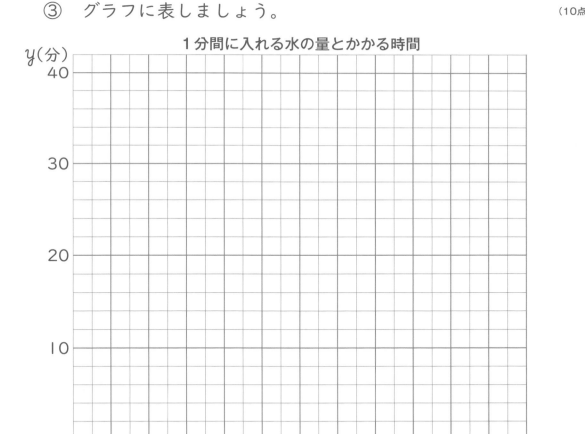

1分間に入れる水の量とかかる時間

④ 8分間で水そうをいっぱいにするには、1分間に入れる水の量を何Lにすればよいですか。　　（10点）　　$($　　　　　　　　$)$

比例と反比例

用意するもの…ものさし

1 下の表は、正方形の1辺の長さとまわりの長さを表しています。

1辺の長さ x（cm）	1	2		4		6
まわりの長さ y（cm）	4		12		20	

① 表を完成させましょう。（□1つ2点）

② y を x の式で表しましょう。
（10点）

$$y = (\qquad\qquad)$$

③ グラフに表しましょう。 （10点）

正方形の1辺の長さとまわりの長さ

2 下の表は、面積が6cm²になる
三角形の底辺の長さと高さの関係を表しています。

底辺 x（cm）	1	2	3	4	5	6	8	10	12
高さ y（cm）	12	6			2.4				1

① 表を完成させましょう。
（□1つ2点）

② y を x の式で表しましょう。
（10点）

$$y = (\qquad\qquad)$$

③ グラフに表しましょう。
（10点）

三角形の底辺と高さ

3 花の形をしたカードの面積を調べます。同じ紙で作った１辺 10cmの正方形のカードの重さから求めましょう。 (式・答え各5点)

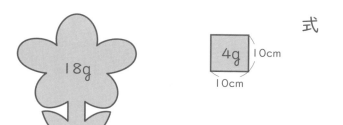

式

答え _____

4 下の表は、１分間に入れる水の量と、水そうがいっぱいになる までにかかる時間を表しています。 (各5点)

１分間に入れる水の量 x（L）	1	2	3	4	5	6	10	12
水そうがいっぱいになる時間 y（分）	60	30	20	15		10	6	5

① 水の量xと水そうがいっぱいになる時間yは、比例していますか。反比例していますか。 （　　　　　）

② 表を完成させましょう。

③ yをxの式で表しましょう。 $y =$ （　　　　　）

④ xの値が20のときのyの値を求めましょう。
（　　　　　）

5 １人４きゃくずついすを運びます。６人で運ぶと５回で運ぶことができます。10人で運ぶと何回で運べますか。 (式・答え各5点)

式

答え _____

並べ方と組み合わせ方

月　　日　名前

👑 ○×クイズだよ。正しい文には○、まちがっている文には×をつけよう。

① （　　　）　「並べ方」と「組み合わせ方」は同じ数え方だよ。

② （　　　）　4人でくじ引きをして3人が当たる組み合わせと、4種類のおかしから3つ選ぶ組み合わせは、同じ数だよ。

③ （　　　）　10人から図書委員を2人選ぶ選び方と、10人から班長と副班長を選ぶ選び方は同じだよ。

④ （　　　）　0から9までの数字でできた3けたのカギのパスワードを、000、001、002、…とつくっていくと、1000通りできるよ。

⑤ （　　　）　1～5のカードから2枚選ぶときは、①②と②①は同じだけど、1～5のカードから2けたの数をつくるときの①②と②①はちがうよ。

2 正しいものを線で結ぼう！

① 5種類のケーキから4種類のケー
キを選ぶ選び方 ● ● 3通り

② 3チームが総当たりのリーグ戦を
する試合の組み合わせ ● ● 5通り

③ 8チームが勝ちぬきのトーナメン
ト戦をするときの全部の試合の数 ● ● 8通り

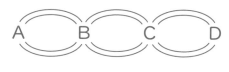

④ AからDまでの行き方 ● ● 7通り

A B C D

①は、「4種類を選ぶ」は「1種類だけ選ばない」
と同じと考えよう！

並べ方と組み合わせ方

| 月 | 日 | 名前 | /100点 |

⭐**1** Aさん、Bさん、Cさんの３人が横に並ぶときの、並び方について考えます。

① 図を完成させましょう。 (（ ）1つ3点)

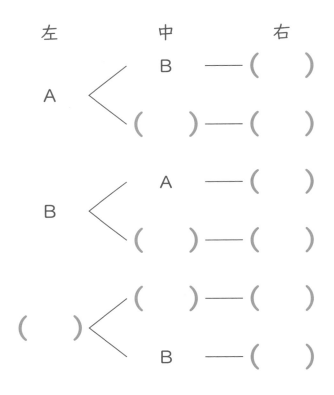

```
      左        中        右
                B ——（   ）
      A <
                （   ）——（   ）

                A ——（   ）
      B <
                （   ）——（   ）

                （   ）——（   ）
   （   ）<
                B ——（   ）
```

② 並び方は全部で何通りありますか。 (10点)

（   ） 通り

2 コインを続けて２回投げるときの、表と裏(うら)の出方について考えます。

① 表を○、裏を△として図に表します。図を完成させましょう。

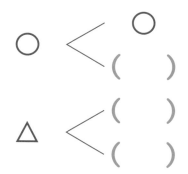

② 表と裏の出方は、全部で何通りありますか。 （10点）

（　　　　　　　　）通り

3 A地点からB地点を通ってC地点に行きます。
何通りの行き方がありますか。 （20点）

答え _____

4 A、B、C、Dの４つのチームがトーナメント方式（勝ちぬき戦）で試合をすると、全部で何試合することになりますか。 （20点）

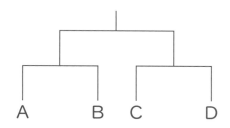

答え _____

並べ方と組み合わせ方

月　　日　　名前

/100点

1 Aさん、Bさん、Cさん、Dさんの4人でリレーを走ります。走る順番は何通りありますか。

① （ ）と □ にあてはまる記号や数を書きましょう。

（（ ）…2点、□…5点）

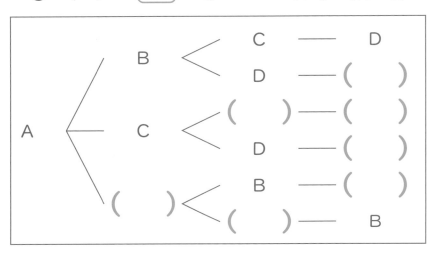

➡ Aさんが第一走者の場合は □ 通り

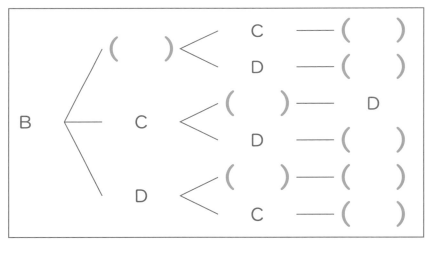

➡ Bさんが第一走者の場合は □ 通り

② Cさんが第一走者の場合は、何通りありますか。 (10点)

（　　　　　）

③ 走る順番は全部で何通りありますか。 (10点)

（　　　　　）

90

2 コインを続けて３回投げるときの、表と裏の出方について考えます。

① 表を〇、裏を△として図に表します。図を完成させましょう。

（（　）１つ１点）

② 表と裏の出方は、全部で何通りありますか。　（10点）

（　　　　　　）

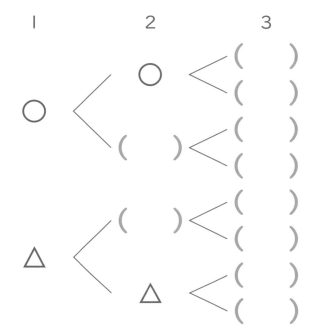

3 りんご、なし、バナナ、いちご、みかんから２種類を選びます。選び方は全部で何通りありますか。

（20点）

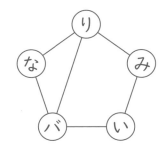

	り	な	バ	い	み
り					
な					
バ					
い					
み					

答え _____

並べ方と組み合わせ方

1 1 2 3 4 の4枚のカードで4けたの整数をつくります。

① 千の位が1のときについて図に表します。（　）にあてはまる数を書きましょう。　　　　　　　　　　　　　　（（　）1つ1点）

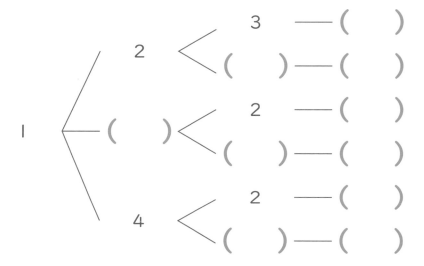

② 4けたの整数は全部で何通りありますか。　　　　　（10点）

（　　　　　　）

2 4人の中から2人の委員を選びます。　　　　　　　（各10点）

① 図書委員と体育委員の選び方は何通りありますか。

（　　　　　　）

② 図書委員2人の選び方は何通りありますか。

（　　　　　　）

❸ 　赤、青、黄、白、黒の5色から4色を選ぶ選び方を、けんとさんは次のように考えました。□にあてはまる数を書きましょう。 （完答10点）

> 5色から4色を選ぶということは、残りの あ ⬚ 色を選ばないことと同じなので、5色から4色を選ぶ選び方は、5色から い ⬚ 色を選ぶ選び方と同じ数になります。だから、答えは う ⬚ 通りです。

けんと

❹ 　たくみさんとゆいさんがじゃんけんをしました。
　　じゃんけん（グー、チョキ、パー）の出し方は何通りありますか。
　　図をかいて答えを求めましょう。 （図・答え各10点）

〈図〉

答え

❺ 　次の5種類のお金が1枚ずつあります。
　　このうち2枚を組み合わせてできる金額を考えます。 （各10点）

① 　いちばん高い金額は何円ですか。
（　　　　　　　）

② 　いちばん安い金額は何円ですか。
（　　　　　　　）

③ 　全部で何通りの金額ができますか。
（　　　　　　　）

データの調べ方

月　　日　名前

 ①～⑥の言葉の説明とあうように、線で結ぼう！

① 平均値（へいきんち）　　・

② 中央値　　・

③ 最ひん値　　・

④ 階級　　・

⑤ 度数　　・

⑥ ヒストグラム　　・

・⑰ データの中でいちばん多く出てくる値（あたい）

・⑰ データの合計を個数で割った値（わ）

・⑰ データを大きさの順に並（なら）べたときの真ん中にあたる値

・⑰ 各階級に入っているデータの個数

・⑰ 度数のちらばりをグラフであらわしたもの。柱状グラフともいう。

・⑰ データを整理するために区切った区間

 平均値、中央値、最ひん値の３つを「代表値」というよ。この３つは、同じデータでもいつも同じになるとは限らないよ。

2 ルパたん  が、テストの結果を見て喜んでいるよ。

 やったぁ！　テストで平均点より上だったよ！
クラスの半分より上の方だ！

下がテストの結果だよ。本当に半分より上かな？

〈テストの結果〉　平均点…78点

| ルパたん 80点 | 100点 | 90点 | 95点 | 95点 |
| 90点 | 30点 | 45点 | 95点 | 60点 |

ルパたんの本当の順位…（　　　　　　　　）位

 あれっ!?
平均点より上なのに、おかしいなぁ。

平均値＝中央値（真ん中）とは限らないんだ。
ルパたん、データの調べ方の勉強やり直しっ！

データの調べ方

月　　　日　　名前　　　　　　　　　　　　　　　　　　　　／100点

用意するもの…ものさし

1 次のグラフは、6年生のソフトボール投げの記録です。　（各10点）

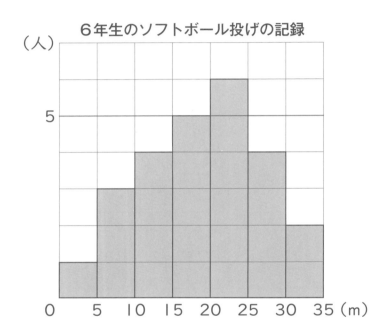

6年生のソフトボール投げの記録
（人）

① ソフトボール投げをした人は何人ですか。
（　　　　　　　　　　）

② 人数が最も多いのは何m以上何m未満の階級ですか。
（　　　m以上　　　m未満）

③ 中央値はどの階級に入りますか。
（　　　m以上　　　　m未満）

④ 最も人数が少ないのは、何m以上何m未満の階級ですか。
（　　　m以上　　　　m未満）

⑤ そらさんは、22m投げました。
遠くまで投げた順番は、何番目から何番目に入りますか。
（　　　番目から　　　番目）

❷ 下の表は、6年生の50m走の記録です。

(各10点)

6年生の50m走の記録

階級(秒)	人数(人)
7以上〜 8未満	2
8以上〜 9未満	4
9以上〜10未満	7
10以上〜11未満	4
11以上〜12未満	1
合　計	

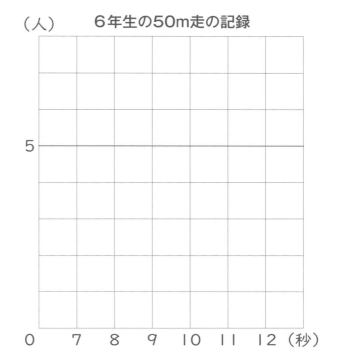

(人)　　6年生の50m走の記録

0　7　8　9　10　11　12（秒）

① 表をもとに柱状グラフに表しましょう。

② 6年生の人数は何人ですか。　　　　　　（　　　　　　　）

③ 人数が最も多いのは、どの階級ですか。
　　　　　　　　　　（　　　　秒以上　　　　秒未満）

④ 中央値はどの階級に入りますか。
　　　　　　　　　　（　　　　秒以上　　　　秒未満）

⑤ さおりさんの記録は、9.5秒でした。速い方から数えると、
　何番目から何番目に入りますか。
　　　　　　　　　　（　　　番目から　　　番目）

データの調べ方

用意するもの…ものさし

1 下の表は、1組と2組のソフトボール投げの記録です。

ソフトボール投げの記録

階級(m)	1組(人)	2組(人)
5以上～10未満	1	2
10以上～15未満	2	3
15以上～20未満	6	5
20以上～25未満	5	6
25以上～30未満	4	4
30以上～35未満	3	2
合　計		

① 1組、2組の人数の合計はそれぞれ何人ですか。　(各5点)

1組（　　　　　　　）

2組（　　　　　　　）

② 人数が最も多いのは、それぞれどの階級ですか。　(各5点)

1組

（　　　　　　　　　　　　）

2組

（　　　　　　　　　　　　）

③ それぞれの中央値は、どの階級に入りますか。　(各5点)

1組（　　　　　　　）　2組（　　　　　　　）

④ 柱状グラフに表しましょう。　(各10点)

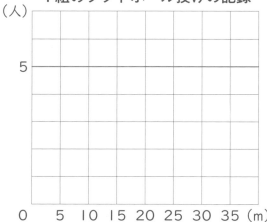
1組のソフトボール投げの記録

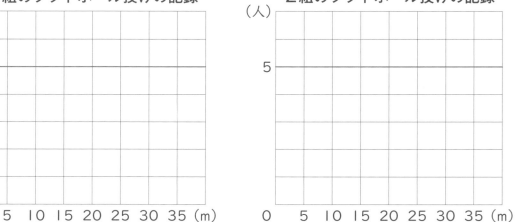
2組のソフトボール投げの記録

❷ 6年生の家庭学習の時間（分）を調べました。

①	②	③	④	⑤	⑥	⑦	⑧	⑨	⑩	⑪	⑫
40	60	50	50	70	10	60	40	50	30	60	40

⑬	⑭	⑮	⑯	⑰	⑱	⑲	⑳	㉑	㉒	㉓
60	50	70	30	80	60	70	50	60	20	40

① 家庭学習の時間をドットプロットに表しましょう。 　(10点)

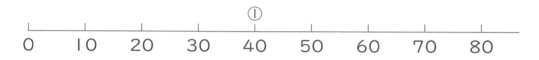

② データを表にまとめて、柱状グラフに表しましょう。 　(各10点)

6年生の家庭学習の時間

階級(分)	人数(人)
0以上～10未満	
10以上～20未満	
20以上～30未満	
30以上～40未満	
40以上～50未満	
50以上～60未満	
60以上～70未満	
70以上～80未満	
80以上～90未満	
合　計	

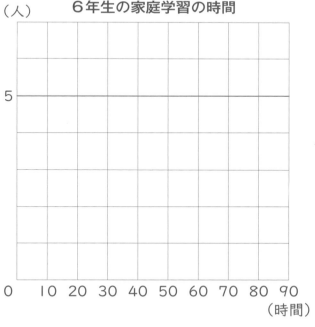

③ 最ひん値と中央値を求めましょう。 　(各10点)

　最ひん値 （　　　　　　　）　　中央値 （　　　　　　　）

データの調べ方

用意するもの…ものさし

１ 表は、１組の漢字テストの点数です。

番号	①	②	③	④	⑤	⑥	⑦	⑧	⑨	⑩
点数(点)	85	80	100	90	75	85	90	100	95	100

① 平均値を求めましょう。　　　　　　　　　　　　（式・答え各5点）

式

答え _____

② 全体のちらばりがわかるように、データをドットプロットに
表しましょう。　　　　　　　　　　　　　　　　　　　（10点）

70　　75　　80　　85　　90　　95　　100

③ 最ひん値と中央値を求めましょう。　　　　　　　（各5点）

最ひん値 (　　　　　　　)　　中央値 (　　　　　　　)

④ 全体の上位40％以内の人は何点以上の人ですか。　（10点）

(　　　　　　　)

★❷ 次のデータは、2組の握力(あくりょく)の記録です。

2組の握力の記録　(kg)

①	②	③	④	⑤	⑥	⑦	⑧	⑨	⑩	⑪	⑫	⑬	⑭	⑮
22	20	15	18	30	15	25	16	28	20	20	10	26	32	24

① 15人の合計は321kgです。平均値を求めましょう。(式・答え各5点)

式

答え _____

② データをドットプロットで表しましょう。(10点)

③ データを表にまとめて柱状グラフに表しましょう。(各10点)

2組の握力の記録

階級(kg)	人数(人)
10以上～15未満	
15以上～20未満	
20以上～25未満	
25以上～30未満	
30以上～35未満	
合　計	

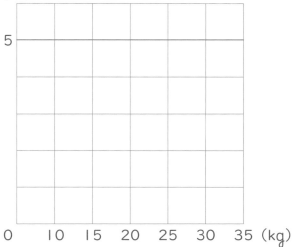

④ 中央値を求めましょう。(10点) (　　　　　　)

⑤ 25kg以上30kg未満の人は全体の何%ですか。(10点)

(　　　　　　)

中学校に向けて ①

中学校では、０より小さい数について学ぶよ。０より大きい数を正の数、０より小さい数を負の数といい、負の数は－（マイナス）をつけて表すんだ。正の数にはふつう何もつけないけれど、負の数に対して正の数だと強調するときは＋（プラス）をつけて表すよ。

1 ＋（プラス）、－（マイナス）をつけて表そう。

① ０度より10度低い温度　　　　　　　（ －10度 ）

② ０度より10度高い温度　　　　　　　（　　　　　）

③ ダイエットで体重が２kg減った　　　（　　　　　）

2 次の問題を解いてみよう。

① テストで、平均点より５点高いときを＋５点と表すと、平均点より７点低いときは（　　　　　）点。

② 東へ２km進むことを＋２kmと表すと、西へ３km進むことは（　　　　　）km。

3 数直線をヒントに、次の問題を解いてみよう。

-5 -4 -3 -2 -1 0 +1 +2 +3 +4 +5

① 0より3小さい数　　　　　　　（　　　　　）

② 0より5小さい数　　　　　　　（　　　　　）

③ −5より2大きい数　　　　　　（　　　　　）

これがわかれば、下の計算もできそう！
難しかったら、数直線を見てね。

4 計算にチャレンジ！

① 3−4　　　　　　　② −2＋2

③ −3＋3　　　　　　④ 3−5

⑤ −4＋3　　　　　　⑥ −5＋3

中学校に向けて ②

月　　　日　名前

 次は、中学校で習うマイナスのかけ算を考えてみるよ。まずは予想してみよう！

① $-2 \times 3 =$ 　　　　　② $-2 \times (-3) =$

カードのゲームで考えてみよう！

〈-2×3〉

-2 のカード3枚で-6点。

$-2 \times 3 = -6$

マイナス×プラス＝マイナス

〈$-2 \times (-3)$〉

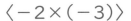
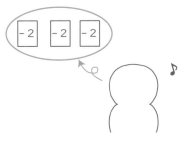

-2 のカードが3枚減るので、$-2 \times (-3)$ になる。すると持ち点は6点増える。つまり、

$-2 \times (-3) = 6$

マイナス×マイナス＝プラス

👑 問題にチャレンジ！

① -4×3 　　　　　② $3 \times (-2)$

③ $-4 \times (-4)$ 　　　　④ $-2 \times (-5)$

中学校では、こんな立体も習うよ！

 ㋐ 　　㋑ 　　㋒

 先がとがっているね。
ピラミッドやとんがりぼうしみたい！

㋐〜㋒のような先のとがった柱体を「すい体」というよ。
「すい」は、木に穴（あな）をあける道具の名前からきているよ。

 問題にチャレンジ！

① 「すい体」の「すい」の漢字はどれかな？〇をつけよう。

　Ⓐ （　　）垂　　　Ⓑ （　　）錐　　　Ⓒ （　　）吹

② 上の図のすい体の名前を予想してみよう。

　㋐ （　　　　　）　　㋑ （　　　　　）　　㋒ （　　　　　）

③ ㋒のすい体の体積は、同じ高さの円柱の何分の１かな？
　〇をつけよう。

　Ⓐ （　　） $\dfrac{1}{2}$　　　Ⓑ （　　） $\dfrac{1}{3}$　　　Ⓒ （　　） $\dfrac{1}{4}$

中学校に向けて ③

小学校でも x や y を使った式を学習したね。
中学校では、こんなきまりを学習するよ。

 　$3 \times x$ は $3x$ と表す。（かけ算の記号は省略する）

 　$x3$ ではなく $3x$ と表す。（文字より数字が前）

 　$3x + 4x = 7x$ というように、計算できる。

 ・ のきまりにならって、次の式を表してみよう。

① $5 \times x$ （ $5x$ ）　　② $x \times 6$ （　　　　）

③ $x + x$ （ $2x$ ）　　④ $x + x + x$ （　　　　）

  のきまりにならって、計算してみよう。

x が2こ分＋x が3こ分

① $2x + 3x = 5x$ 　　② $6x + 4x$

③ $5x - 2x$ 　　　　④ $10x - 8x$

同じ x どうしだから、計算できるんだね！

小学校では円周率を3.14として円の面積や円周の長さを計算してきたね。中学校では、円周率3.14のかわりにπ（パイ）を使って計算するよ。

〈円の面積〉

半径×半径×3.14

　　↓πを使うと

半径×半径×π

例：半径2cmの円

2×2×3.14

　↓

4π

（2×2×π）

左ページのきまり 1 、 2 とπを使うと、円の面積を簡単（かんたん）に表せるね！　πって難（むずか）しいと思っていたけれど、思ったより簡単そう！

 問題にチャレンジ！

半径5cmの円の面積

☐ × ☐ × π だから、（　　　　　　　　）

中学校に向けて ④

月　　日　名前

中学校では、同じ数をかけるかけ算を
次のように表すことがあるよ。

$$3 \times 3 = 3^2$$
$$5 \times 5 \times 5 \times 5 = 5^4$$

かけた個数を小さく右上に書くんだね。

 問題にチャレンジ！

① $6 \times 6 \times 6 = 6^{\boxed{}}$　　② $1 \times 1 \times 1 \times 1 = 1^{\boxed{}}$

③ $4 = 2^{\boxed{}}$　　④ $10^2 = \boxed{} \times \boxed{} = \boxed{}$

⑤ $1^{10} = \boxed{}$

小学校で、□＋2＝5 のとき、□＝5－2 となり、□＝3 と計算できることを学習したね。また、6年生では□のかわりに「x」を使うことを学んだね。
中学校では、$x＋2＝5$ の式を「方程式(ほうていしき)」と呼(よ)ぶよ。方程式とは、まだわかっていない数字を表す文字（x）をふくむ式のことなんだ。

てんびんで考えてみよう

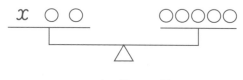

$$x + 2 = 5$$

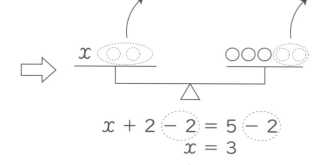

$$x + 2 - 2 = 5 - 2$$
$$x = 3$$

てんびんはつり合っているね。

同じ数ずつ〇を取ってもつり合うから、両方から〇を2つ取ってもつり合うね。

👑2 問題にチャレンジ！

① $$x + 5 = 10$$

$$x + 5 - \boxed{5} = 10 - \boxed{5}$$

$$x = \boxed{}$$

② $$x - 3 = 7$$

$$x - 3 + \boxed{} = 7 + \boxed{}$$

$$x = \boxed{}$$

どちらがおトク？／フルーツの重さは？

月　　日　名前

 ケーキを買いに行ったら、9個入りのプチケーキと、1個入りの大きなケーキが同じ値段（ねだん）で売られていたよ。

どちらがおトクかな？

〈上から見た図〉

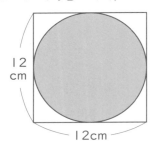

12cm

12cm

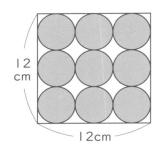

12cm

12cm

どちらのケーキの量が多いんだろう。
大きい方かなぁ？

ケーキの高さはどちらも10cm、箱は
12cm×12cmと考えて、計算してみよう！

式・考え方

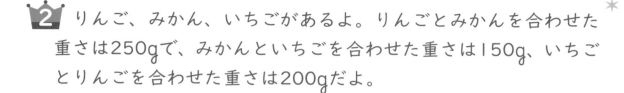

👑2 りんご、みかん、いちごがあるよ。りんごとみかんを合わせた重さは250gで、みかんといちごを合わせた重さは150g、いちごとりんごを合わせた重さは200gだよ。

① （ ）にあてはまる数を書こう。

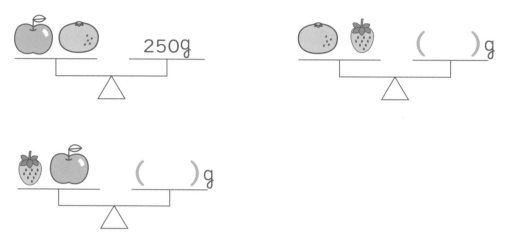

② 上の３つのてんびんを１つにまとめるとどうなるかな。

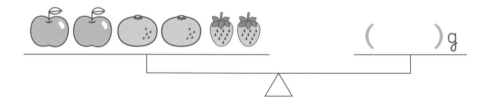

③ りんご、みかん、いちごの重さは何gかな。
（ ）にあてはまる数を書こう。

りんご、みかん、いちごが２個ずつで600gだから、１個ずつの合計は（⑱　　　）g。りんごとみかんを合わせた重さは250gなので、いちごは（⑯　　　）g。
同じように考えて、りんごは（⑰　　　）g、みかんは（⑱　　　）g。

走って行くと？／いろいろクイズ

月　　日　名前

1　Aさんが学校に行くのに、分速100mで歩くと30分かかり、分速300mの自転車に乗ると10分かかるよ。分速200mで走っていくとき、何時までに家を出ると8時30分の始業時刻（じこく）に間に合うかな？

> 分速200mだから20分かかるのかな？

式・考え方

2　5kmの道のりを、はじめは分速200mで走り、しばらくして分速100mで歩いたら40分かかったよ。

　走った時間と歩いた時間はそれぞれ何分ずつかな？

> 40分間すべて走ったとすると、200（m）× 40（分）で8000m＝8km進んでしまうよ。

式・考え方

3 いろいろなクイズにチャレンジ！

① 3 ＋ 3 ÷ 3 ＋ 3 × 3 － 3 ＝ ☐

② 筆箱とえん筆の合計の金額は1100円でその差は1000円だよ。筆箱とえん筆の値段_{ねだん}はそれぞれ何円かな？　ただし、値段は筆箱＞えん筆だよ。

筆箱　　　　　　　　　　　　えん筆

（　　　　　　　　）（　　　　　　　　　）

③ ある年の１月１日は月曜日だったよ。100日後は何曜日かな？

（　　　　　　　　）

④ サルが、深さ20mの穴_{あな}に落ちてしまったよ。そのサルは１時間で３m上がり、その後すぐに２mずり落ちてしまうよ。穴から出るのに何時間かかるかな？

（ヒント：最後の３mは一度で上がれるよ。）

（　　　　　　　　）

1年生のまとめ

月　　日　　名前　　　　　　　　　　　　　／100点

用意するもの…ものさし

1 次の計算をしましょう。 （各4点）

① 8 + 6

② 9 + 7

③ 15 − 9

④ 13 − 5

⑤ 70 + 20

⑥ 100 − 40

⑦ 84 + 3

⑧ 29 − 8

⑨ 14 + 3 − 5

⑩ 10 − 7 + 6

2 長い針をかきましょう。 （各5点）

① 9時27分

② 11時48分

3 並び方で「前から3人」と「前から3人目」のちがいを言葉で説明しましょう。 （10点）

(　　　　　　　　　　　　　　　　　　　　　　　)

4 次の図形は、◣何枚でできていますか。 (10点)

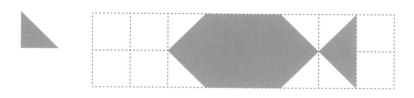

(　　　) 枚

5 どちらが長いですか。 (10点)

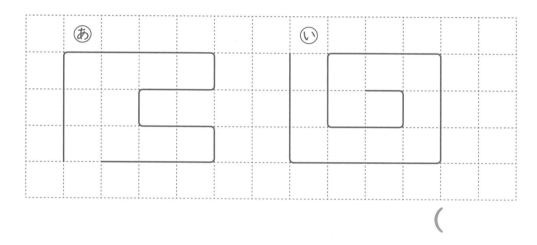

(　　　　　)

6 バス停で1列に並んでいます。自分の前に4人、後ろに5人います。みんなで何人並んでいますか。 (式・答え各5点)

式

答え _____

7 10 ＋ 9 － 6になる問題を作りましょう。 (10点)

(

)

2年生のまとめ

| 月 | 日 | 名前 | | /100点 |

用意するもの…ものさし

❶ 次の計算をしましょう。 (各3点)

```
①  7 9
 + 6 8
```

```
②  4 7
 + 5 6
```

```
③  8 1
 - 3 7
```

```
④ 1 5 0
  -  7 8
```

⑤ 6 × 8

⑥ 7 × 4

⑦ 8 × 7

⑧ 8 × 9

⑨ 9 × 6

⑩ 9 × 9

❷ ☐ にあてはまる数を書きましょう。 (☐1つ4点)

①　4500は10を [　　　　] 個集めた数

②　10000より10小さい数は [　　　　]

③　1 m = [　　　　] cm = [　　　　] mm

④　1 L = [　　　　] dL = [　　　　] mL

❸ 下のような箱に入ったチョコレートの数を 5×6－3×2 と計算しました。どのような考え方か、説明しましょう。 (10点)

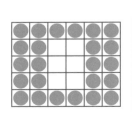

(　　　　　　　　　　　　　　)

★
4 次の図形をかきましょう。 (各5点)

① 1辺が3cmの正方形　　② 直角になる2つの辺が
　　　　　　　　　　　　　　　3cmと5cmの直角三角形

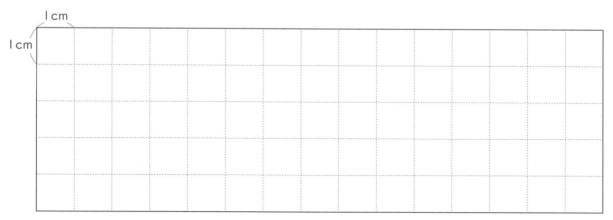

1cm
1cm

★
5 ひごとねん土玉で箱の形を作ります。何cmのひごが何本ずつ
いりますか。また、ねん土玉はいくついりますか。

(（　）1つ4点)

6cm （　　　　）本

8cm （　　　　）本

5cm （　　　　）本

ねん土玉 （　　　　　）個

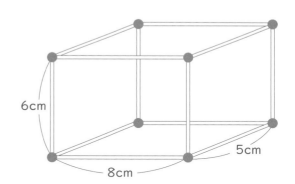

6cm
8cm
5cm

★★
6 あめを7個持っていました。何個かもらったので23個になり
ました。もらったのは何個ですか。

(式・答え各5点)

式

答え _____

3年生のまとめ

用意するもの…ものさし、コンパス

1　次の計算をしましょう。　（各3点）

①
```
  578
+ 364
```

②
```
  905
- 292
```

③
```
  627
- 139
```

④
```
   76
×  38
```

⑤
```
   30
×  28
```

⑥
```
  429
×   87
```

⑦　49 ÷ 6

⑧　71 ÷ 8

⑨　$\dfrac{3}{7} + \dfrac{2}{7}$

⑩　$1 - \dfrac{5}{8}$

2　（　）の中の単位になおしましょう。　（各5点）

①　3 km（m） → （　　　　）m

②　4 m（cm） → （　　　　）cm

③　2 t（kg） → （　　　　）kg

④　1 時間（分） → （　　　　）分

118

3 次の三角形をかきましょう。
また、何という三角形か（　）に書きましょう。 (図10点・名前5点)

① ３つの辺の長さが４cmの三角形

＿＿＿＿４cm＿＿＿＿　　　　　（　　　　　　　）

② 辺の長さが６cm、４cm、４cmの三角形

＿＿＿＿＿６cm＿＿＿＿＿　　　　（　　　　　　　）

4 30きゃくのいすを、１回に４きゃくずつ運びます。
全部のいすを運ぶには何回かかりますか。 (式・答え各5点)

式

答え＿＿＿＿＿＿＿＿＿＿＿＿

5 2.5Lのジュースがあります。0.8L飲みました。
残りは何Lですか。 (式・答え各5点)

式

答え＿＿＿＿＿＿＿＿＿＿＿＿

4年生のまとめ ①

用意するもの…ものさし、分度器

1 次の数を数字で書きましょう。　(各5点)

① 三兆四千二百億六十万八千九

(　　　　　　　　　　　　　　　　　　　　)

② 1兆は10億の ☐ 倍です。

③ 2.3は0.01を ☐ 個集めた数です。

④ 75gは ☐ kgです。

2 次の計算をしましょう。(③は商は整数で求め、あまりも出しましょう)　(各5点)

① 4)96

② 5)705

③ 6)873

④
```
  3.56
+ 2.79
```

⑤
```
  6.25
+ 3.86
```

⑥
```
  0.763
+ 5.86
```

⑦
```
  4.21
- 1.76
```

⑧
```
  8
- 3.54
```

⑨
```
  1
- 0.865
```

3 表は、気温の変わり方を表しています。

1年間の気温の変わり方 （長野市・2020年）

月	1	2	3	4	5	6	7	8	9	10	11	12
気温（度）	3	2	6	9	18	22	23	27	23	14	9	2

① 折れ線グラフに表しましょう。　　　　　　　　　　　　（10点）

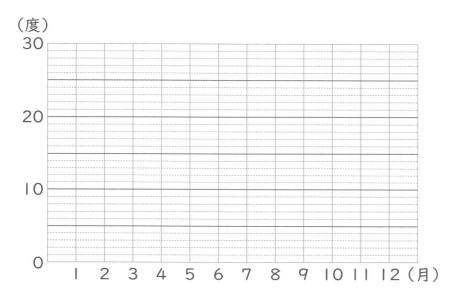

② 気温の上がり方がいちばん大きいのは何月から何月ですか。

（5点）

（　　　）月から（　　　）月

4 次の角度をかきましょう。　　　　　　　　　　　　　　（各10点）

①　60°

②　210°

4年生のまとめ ②

月　　日　名前　　　　　　　　　　　　　　　　　　/100点

1 次の計算をしましょう。（②〜④は商は整数で求め、あまりを出しましょう） (各5点)

① $60 \div 20$

② $250 \div 40$

③
$$24\overline{)83}$$

④
$$37\overline{)921}$$

2 356721を次のような方法でがい数にしましょう。 (各5点)

① 千の位を四捨五入する　　　　　　（　　　　　　　　）

② 千の位までのがい数にする　　　　（　　　　　　　　）

③ 上から1けたのがい数にする　　　（　　　　　　　　）

④ 上から2けたのがい数にする　　　（　　　　　　　　）

3 次の計算をしましょう。 (各5点)

① $6 + 4 \times 3$

② $132 - 32 \times 2$

③ $8 \times (9 - 6 \div 2)$

④ $9 - 8 \div 4 \times 2$

4 次の図形について答えましょう。

（（ ） 1つ5点）

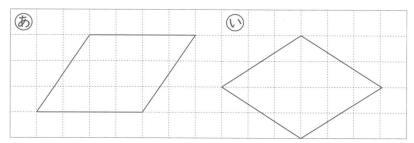

①　あ、いの図形の名前を書きましょう。

　　あ　（　　　　　　　　　）　　い　（　　　　　　　　　）

②　対角線が垂直（すいちょく）に交わるのはどちらですか。　　（　　　　　　）

5　1辺が2cmの正三角形を1列に並（なら）べるときの正三角形の数と
まわりの長さを調べます。

（各5点　※①は完答）

①　表を完成させましょう。

2個

3個

正三角形の数(個)	1	2	3	4	5	6	7
まわりの長さ(cm)	6	8					

②　正三角形が1つ増えるとまわりの長さは何cm増えますか。

　　　　　　　　　　　　　　　　　　　　　（　　　　　　）

③　正三角形が10個のとき、まわりの長さは何cmですか。

　　　　　　　　　　　　　　　　　　　　　（　　　　　　）

6　$2\frac{2}{7}$ mのリボンから $\frac{5}{7}$ mを切り取りました。残りは何mですか。

（式・答え各5点）

式

　　　　　　　　　　　　　　答え

4年生のまとめ ③

月　　日　名前　　　　　　　　　　　　　　　　　　　　　　　　　　／100点

用意するもの…ものさし

1 次の計算をしましょう。（④は商は一の位まで求め、あまりを
出しましょう）　　　　　　　　　　　　　　　　　　　　　（各5点）

① 0.8 × 5 = [　　　]　　② 6.4 ÷ 2 = [　　　]

③
$$\begin{array}{r} 3\,4.6 \\ \times2\,8 \\ \hline \end{array}$$

④
$$4\,\overline{)7\,5.3}$$

2 次のような形の面積を求めましょう。　　（式・答え各5点）

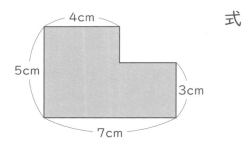

式

答え

3 [　] にあてはまる数を書きましょう。　　（各5点）

① 1aは1辺が [　　　] mの正方形の面積です。

② 1haは1辺が [　　　] mの正方形の面積です。

③ 2km²は [　　　] m²です。

④ 5km²は [　　　] haです。

4 下の展開図を組み立てます。
(各5点　※③・④は完答)

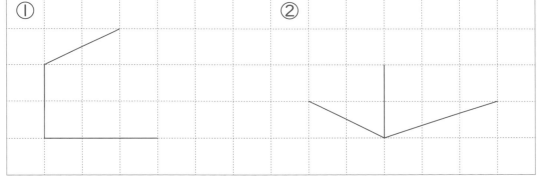

①　立体の名前は何ですか。

（　　　　　　　　　）

②　面⑩に平行な面はどれですか。

（　　　　　　　　　）

③　面⑤に垂直な面を全部書きましょう。

（　　　　　　　　　）

④　点イと重なる点を全部書きましょう。

（　　　　　　　　　）

5 下の図の続きをかいて見取図を完成させましょう。
(各5点)

①　　　　　　　　　　　　　②

6 赤いテープが15m、青いテープが6mあります。
　　赤いテープは青いテープの何倍ですか。
(式・答え各5点)

式

答え

7 1個0.45kgのかんづめがあります。
　　このかんづめ8個の重さは何kgですか。
(式・答え各5点)

式

答え

5年生のまとめ ①

| 月 | 日 | 名前 | /100点 |

用意するもの…ものさし、分度器、コンパス

★1 ☐にあてはまる数を書きましょう。
(各5点 ※①は完答)

① $5.08 = 1 \times$ ☐ $+ 0.1 \times$ ☐ $+ 0.01 \times$ ☐

② 3.21の100倍は ☐

③ 46.9の $\dfrac{1}{1000}$ は ☐

④ 8.715は0.001を ☐ 個集めた数

★2 次の立体の体積を求めましょう。
(式・答え各5点)

①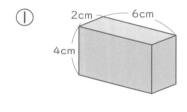

式

答え _____

②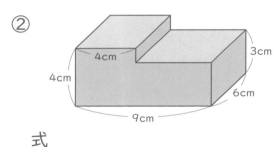

式

答え _____

★★3 1個50円のおかしの個数と代金の関係を表にしました。

個数☐(個)	1	2	3	4	5	6	7	8	9	10
代金〇(円)	50	100	150			300				500

① 表にあてはまる数を書きましょう。 (☐1つ2点)

② ☐と〇の関係を式に表しましょう。(10点) (　　　　　　　　　　)

4 次の計算をしましょう。（③、④はわり切れるまで計算しましょう）

（各5点）

①
$$\begin{array}{r} 3.5 \\ \times\ 4.6 \\ \hline \end{array}$$

②
$$\begin{array}{r} 0.83 \\ \times\ \ 2.7 \\ \hline \end{array}$$

③
$$7\,4\,)\overline{2\,5.9}$$

④
$$4.8\,)\overline{3.6}$$

5 次の図のような三角形を下にかきましょう。

（各10点）

①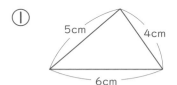

② １つの辺が７cmでその両はしの角の大きさが30°と45°の三角形

予想得点… ☐ 点

5年生のまとめ ②

1 次の⑤、⑥の角度を求めましょう。　(各5点)

①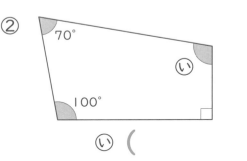

②

⑤ （　　　　　　　　　）　　　⑥ （　　　　　　　　　）

2 次の問題に答えましょう。　(（　）1つ5点)

① 12、25、36、40のうち奇数はどれですか。（　　　　　　　　）

② 24と36の最小公倍数と最大公約数を求めましょう。
　　　最小公倍数（　　　　　）　最大公約数（　　　　　　）

③ 南町の駅では、バスが12分ごと、電車が8分ごとに発車します。午前8時ちょうどにバスと電車が同時に発車しました。
　　次に同時に発車するのは何時何分ですか。

（　　　　　　　　　　　　　）

3 4回の算数テストの平均点は94点でした。
　5回目のテストで何点を取ると、平均点が95点になりますか。

(式・答え5点)

式

答え

4 次の計算をしましょう。 （各5点）

① $\dfrac{1}{6} + \dfrac{3}{8}$

② $\dfrac{11}{12} - \dfrac{5}{9}$

③ $\dfrac{1}{2} + \dfrac{1}{3} + \dfrac{1}{4}$

④ $\dfrac{2}{3} + \dfrac{5}{8} - \dfrac{1}{6}$

5 ガソリン15Lで180km走るAの自動車と、25Lで350km走るBの自動車があります。

1Lあたりで走る道のりが長いのはどちらですか。 （式・答え各5点）

〈A〉 式

〈B〉 式

答え _____

6 面積を求めましょう。 （式・答え各5点）

①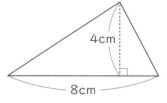

②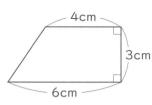

③ 〈ひし形〉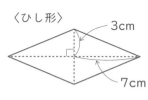

式

式

式

答え _____ 答え _____ 答え _____

5年生のまとめ ③

月　日　名前　　　　　　　　　　　　/100点

用意するもの…ものさし、分度器、コンパス

1 次の問題に答えましょう。 (各5点)

① 0.75を百分率で表すといくつですか。 （　　　　　）

② 8mは20mの何％ですか。 （　　　　　）

③ 120円の30％は何円ですか。 （　　　　　）

④ 20人が40％にあたる人数は何人ですか。 （　　　　　）

2 下の表は、しょうたさんの学校で、ある月に起きたけがの種類と件数をまとめたものです。表のあいているところに数を書き、帯グラフと円グラフに表しましょう。 (各10点)

けが調べ

種類	件数(件)	百分率(%)
すりきず	42	
打ぼく	30	
切りきず	24	
ねんざ	18	
その他	6	
合　計	120	100

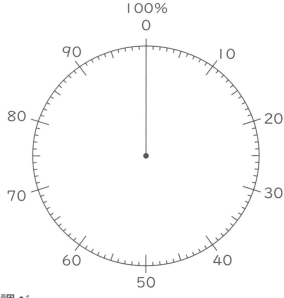

けが調べ

けが調べ

❸ 円を使って、次の図形をかきましょう。　　　　　　　　　　　　　(各10点)

① 正六角形

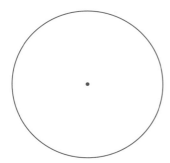

② 正八角形

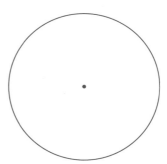

❹ 半径５cmの円の円周は何cmですか。　　　　　　　(式・答え各5点)

式

　　　　　　　　　　　　　　　　　　答え _____

❺ 次の立体について答えましょう。

① 立体の名前を書きましょう。　　　　　　　(5点)

（　　　　　　　　）

5cm
4cm　3cm
8cm
あ　い

1cm
1cm

② あ、いのような面を
何といいますか。　(5点)

（　　　　　）

③ この立体の展開図を
かきましょう。　(10点)

6年生のまとめ ①-A

| 月 | 日 | 名前 | /100点 |

用意するもの…ものさし

1 線対称で、点対称でもある図形を選び記号で答えましょう。

（完答10点）

あ A　い F　う H
え X　お Y　か Z （　　　　　　）

2 次の場面は、どんな式で表されますか。□□□から選び、記号で答えましょう。

（各5点）

① （　　　）　10枚あった画用紙を x 枚使うと残りは y 枚です。

② （　　　）　10円のあめを x 個買うと代金は y 円です。

③ （　　　）　10kmの道のりを時速 x kmで歩くと y 時間かかります。

④ （　　　）　10人が乗っているバスに x 人乗ってくると y 人になります。

あ $10+x=y$　い $10-x=y$　う $10×x=y$　え $10÷x=y$

3 次の計算をしましょう。

（各5点）

① $\dfrac{5}{6} × 3$

② $\dfrac{5}{8} × \dfrac{3}{10}$

③ $\dfrac{3}{5} ÷ 6$

④ $\dfrac{7}{12} ÷ \dfrac{7}{8}$

4 比を簡単にしましょう。 （各5点）

① 6:8 　（　　　　　　）　② 16:24 （　　　　　　）

③ 24:36 （　　　　　　）　④ 2:1.5 （　　　　　　）

5 $\frac{8}{9}$ m²のかべをぬるのに $\frac{8}{7}$ dLのペンキを使いました。

このペンキ1dLでは何m²のかべをぬれますか。 （式・答え各5点）

式

答え _____

6 1mの重さが $\frac{11}{12}$ kgの鉄のぼうがあります。

この鉄のぼう $\frac{4}{9}$ mの重さは何kgですか。 （式・答え各5点）

式

答え _____

7 30個のあめを、わたしと妹が3:2になるように分けます。
それぞれ何個ずつになりますか。 （式・答え各5点）

式

答え _____

6年生のまとめ ①-B

月　日　名前　　　　　　　　　　　　　/100点

用意するもの…ものさし

1 直線アイが対称（たいしょう）の軸（じく）となる線対称な図形と、点〇が対称の中心となる点対称な図形をかきましょう。 (各5点)

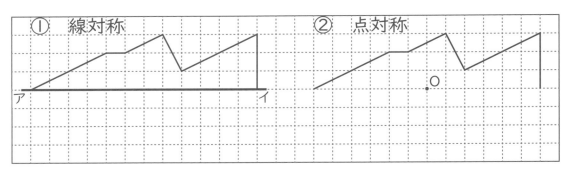

2 次の場面を、x の式に表しましょう。 (各5点)

① 公園に大人が x 人、子どもが10人、全部で y 人います。

$y = ($ 　　　　　　 $)$

② 10km の道のりを、時速 x km で y 時間進みました。

$y = ($ 　　　　　　 $)$

③ 1個15円のあめを x 個買うと、代金は y 円でした。

$y = ($ 　　　　　　 $)$

④ 2 L の水を x L 飲むと、残りは y L です。

$y = ($ 　　　　　　 $)$

3 次の計算をしましょう。 (各5点)

① $\dfrac{5}{8} \times \dfrac{4}{15} \times \dfrac{3}{7}$

② $\dfrac{5}{9} \div \dfrac{8}{15} \div \dfrac{5}{6}$

③ $\dfrac{3}{5} \times \dfrac{7}{12} \div \dfrac{14}{15}$

④ $\dfrac{7}{9} \div \dfrac{2}{3} \times \dfrac{6}{7}$

4 比を簡単にしましょう。 (各5点)

① 0.6 : 1.5 （   ） ② 3.6 : 4.8 （   ）

③ $\dfrac{3}{4}$: $\dfrac{1}{6}$ （   ） ④ $\dfrac{5}{6}$: $\dfrac{5}{8}$ （   ）

5 $2\dfrac{2}{3}$ dLのペンキでかべを$1\dfrac{1}{9}$ m²ぬれました。
このペンキ1dLでは、かべを何m²ぬれますか。 (式・答え各5点)

式

答え _____

6 6年1組で、弟も妹もいる人は6人で、クラス全体の$\dfrac{3}{16}$にあたります。1組の人数は何人ですか。 (式・答え各5点)

式

答え _____

7 70cmのひもを使って、縦の長さと横の長さが2：3になる長方形を作ります。縦の長さと横の長さは、それぞれ何cmになりますか。 (式・答え各5点)

式

答え _____

６年生のまとめ　②－A

用意するもの…ものさし

1 次の四角形ABCDの頂点Bを中心にして、２倍の拡大図と $\frac{1}{2}$ の縮図をかきましょう。

（各10点）

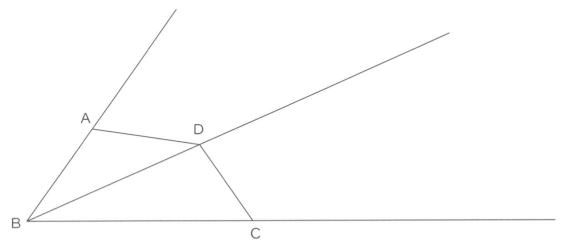

2 次の図形の面積を求めましょう。

（式・答え各5点）

① 式

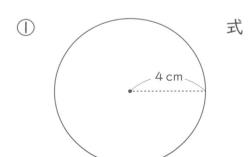

4 cm

答え _____

② 式

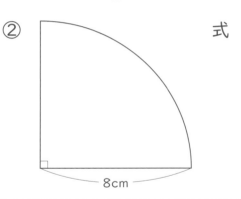

8cm

答え _____

★ 3 次の立体の名前を書き、体積を求めましょう。　(名前・式・答え各5点)

①
8cm
4cm
6cm

立体の名前 （　　　　　　　　）

式

答え _____

②
3cm
10cm

立体の名前 （　　　　　　　　）

式

答え _____

★ 4 牛乳パックのおよその容積を求めます。
（ぎゅうにゅう）

① どんな立体とみるとよいですか。　(10点)

（　　　　　　　　）

20cm

② およその容積を求めましょう。　(式・答え各5点)

式

7cm　7cm

答え _____

★★ 5 家から学校までのきょりが、1万分の1の地図上で10cmでした。実際のきょりは何kmですか。
　(式・答え各5点)

式

答え _____

6年生のまとめ ②－B

用意するもの…ものさし

1 あの2倍の拡大図と $\dfrac{1}{2}$ の縮図をかきましょう。　　　（各10点）

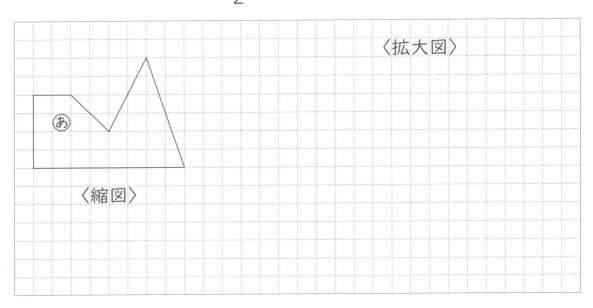

〈拡大図〉

あ

〈縮図〉

2 色のついたところの面積を求めましょう。　　　（式・答え各5点）

① 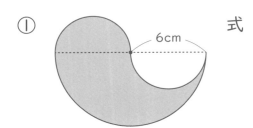　　　式

6cm

答え _____

② 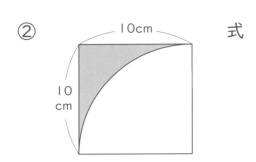　　　式

10cm

10cm

答え _____

138

3 次の立体の名前を書き、体積を求めましょう。 （名前・式・答え各5点）

① 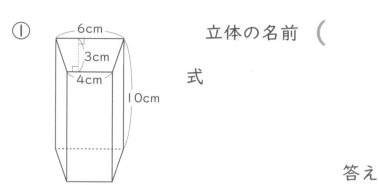　　立体の名前（　　　　　　　）

式

答え _____

② 　　立体の名前（　　　　　　）

式

答え _____

4 チーズケーキのおよその体積を求めます。

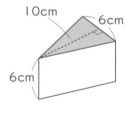

① どんな立体とみるとよいですか。 （10点）

（　　　　　　　）

② およその体積を求めましょう。 （式・答え各5点）

式

答え _____

5 家から博物館までのきょりは2kmです。
5万分の1の地図上では何cmになりますか。 （式・答え各5点）

式

答え _____

| 月 | 日 | 名前 | ／100点 |

用意するもの…ものさし

１ 次の文で比例しているものには○を、反比例しているものには △を、どちらでもないものには×をつけましょう。 (各5点)

① （　　　） １ｍが80円のテープの長さと代金

② （　　　） 100ページの本の読んだページ数と残りのペー ジ数

③ （　　　） 100kmの道のりを走る車の速さとかかる時間

④ （　　　） 正方形の１辺の長さとまわりの長さ

⑤ （　　　） 円の半径の長さと面積

⑥ （　　　） 面積が同じ長方形の縦と横の長さ

２ １ ２ ３ のカードを並べてできる３けたの整数は何通りあり ますか。 (10点)

答え _____

３ コインを続けて３回投げたときの、表と裏の出方は何通りあり ますか。 (10点)

答え _____

4 下の表は、6年生の50m走の記録です。 （各10点）

6年生の50m走の記録

階級（秒）	人数（人）
7以上～ 8未満	3
8以上～ 9未満	5
9以上～10未満	6
10以上～11未満	4
11以上～12未満	2
合　計	

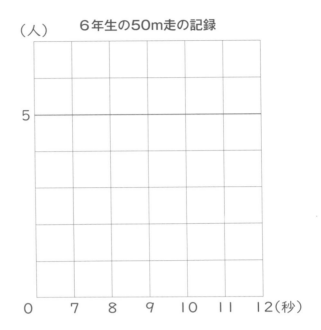

① 柱状グラフに表しましょう。

② 6年生の人数は何人ですか。 （　　　　　）

③ 人数が最も多いのはどの階級ですか。
（　　　　　）

④ 中央値はどの階級に入りますか。
（　　　　　）

⑤ 8秒以上9秒未満の人は、6年生全体の何%にあたりますか。
（　　　　　）

月　　日　名前　　　　　　　　　　　　　　　　／100点

用意するもの…ものさし

1 下の表は、縦が5cmの長方形の横の長さと面積を表しています。

横の長さ　x(cm)	1	2	3	4	5	6	7	8	9	10
面積　y(cm²)	5	10						40	45	50

① 表にあてはまる数を書きましょう。　(完答5点)

② 横の長さと面積は比例していますか。　(5点)

（　　　　　　　　　）

③ yをxの式で表しましょう。　(5点)

y = （　　　　　　　　　）

④ 面積が80cm²のとき横の長さは何cmですか。　(5点)

（　　　　　　　　　）

⑤ グラフに表しましょう。　(10点)

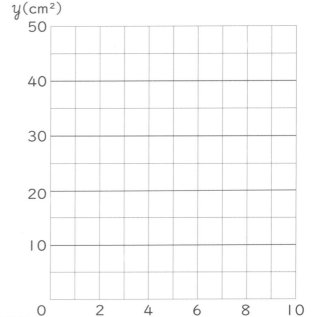

2 4人が横に1列に並びます。並び方は何通りありますか。

(式・答え各5点)

答え _____

3 5人からリレーのメンバー4人を選びます。選び方は何通りありますか。

(式・答え各5点)

答え _____

4 下の表は、1組のソフトボール投げの記録（m）です。

①	②	③	④	⑤	⑥	⑦	⑧	⑨	⑩	⑪	⑫	⑬	⑭	⑮
21	25	14	26	9	24	29	27	14	31	18	24	18	29	25

⑯	⑰	⑱	⑲	⑳	合計
18	23	27	16	32	450

① 1組の平均値を求めましょう。 （式・答え各5点）

式

答え _____

② ドットプロットに表しましょう。 （10点）

③ 最ひん値と中央値を求めましょう。 （各5点）

最ひん値 （　　　　　　　）　　中央値 （　　　　　　　　）

④ 度数分布表に表しましょう。（10点）

1組のソフトボール投げの記録

階級(m)	人数(人)
5以上～10未満	
10以上～15未満	
15以上～20未満	
20以上～25未満	
25以上～30未満	
30以上～35未満	
合　計	

⑤ グラフに表しましょう。 （10点）

(人) 1組のソフトボール投げの記録

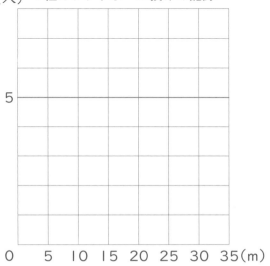

学力の基礎をきたえどの子も伸ばす研究会

HPアドレス　http://gakuryoku.info/

常任委員長　岸本ひとみ
事務局　〒675-0032 加古川市加古川町備後178-1-2-102 岸本ひとみ方　☎・Fax 0794-26-5133

① めざすもの

　私たちは、すべての子どもたちが、日本国憲法と子どもの権利条約の精神に基づき、確かな学力の形成を通して豊かな人格の発達が保障され、民主平和の日本の主権者として成長することを願っています。しかし、発達の基盤ともいうべき学力の基礎を鍛えられないまま落ちこぼれている子どもたちが普遍化し、「荒れ」の情況があちこちで出てきています。

　私たちは、「見える学力、見えない学力」を共に養うこと、すなわち、基礎の学習をやり遂げさせることと、読書やいろいろな体験を積むことを通して、子どもたちが「自信と誇りとやる気」を持てるようになると考えています。

　私たちは、人格の発達が歪められている情況の中で、それを克服し、子どもたちが豊かに成長するような実践に挑戦します。

　そのために、つぎのような研究と活動を進めていきます。

　① 「読み・書き・計算」を基軸とした学力の基礎をきたえる実践の創造と普及。
　② 豊かで確かな学力づくりと子どもを励ます指導と評価の探究。
　③ 特別な力量や経験がなくても、その気になれば「いつでも・どこでも・だれでも」ができる実践の普及。
　④ 子どもの発達を軸とした父母・国民・他の民間教育団体との協力、共同。

　私たちの実践が、大多数の教職員や父母・国民の方々に支持され、大きな教育運動になるよう地道な努力を継続していきます。

② 会　員

・本会の「めざすもの」を認め、会費を納入する人は、会員になることができる。
・会費は、年4000円とし、7月末までに納入すること。①または②

①郵便振替　口座番号　00920-9-319769	②ゆうちょ銀行
名　称　学力の基礎をきたえどの子も伸ばす研究会	店番099　店名〇九九店　当座0319769

・特典　研究会をする場合、講師派遣の補助を受けることができる。
　　　　大会参加費の割引を受けることができる。
　　　　学力研ニュース、研究会などの案内を無料で送付してもらうことができる。
　　　　自分の実践を学力研ニュースなどに発表することができる。
　　　　研究の部会を作り、会場費などの補助を受けることができる。
　　　　地域サークルを作り、会場費の補助を受けることができる。

③ 活　動

全国家庭塾連絡会と協力して以下の活動を行う。

・全 国 大 会　全国の研究、実践の交流、深化をはかる場とし、年1回開催する。通常、夏に行う。
・地域別集会　地域の研究、実践の交流、深化をはかる場とし、年1回開催する。
・合宿研究会　研究、実践をさらに深化するために行う。
・地域サークル　日常の研究、実践の交流、深化の場であり、本会の基本活動である。
　　　　　　　　可能な限り月1回の月例会を行う。
・全国キャラバン　地域の要請に基づいて講師派遣をする。

全 国 家 庭 塾 連 絡 会

① めざすもの

　私たちは、日本国憲法と教育基本法の精神に基づき、すべての子どもたちが確かな学力と豊かな人格を身につけて、わが国の主権者として成長することを願っています。しかし、わが子も含めて、能力があるにもかかわらず、必要な学力が身につかないままになっている子どもたちがたくさんいることに心を痛めています。

　私たちは学力研が追究している教育活動に学びながら、「全国家庭塾連絡会」を結成しました。

　この会は、わが子に家庭学習の習慣化を促すことを主な活動内容とする家庭塾運動の交流と普及を目的としています。

　私たちの試みが、多くの父母や教職員、市民の方々に支持され、地域に根ざした大きな運動になるよう学力研と連携しながら努力を継続していきます。

② 会　員

　本会の「めざすもの」を認め、会費を納入する人は会員になれる。
　会費は年額1500円とし（団体加入は年額3000円）、8月末までに納入する。
　会員は会報や連絡交流会の案内、学力研集会の情報などをもらえる。

事務局　〒564-0041 大阪府吹田市泉町4-29-13 影浦邦子方　☎・Fax 06-6380-0420
郵便振替　口座番号　00900-1-109969　　名称　全国家庭塾連絡会

テスト式！点数アップドリル 算数 小学6年生

2024年7月10日　第1刷発行
●著者／金井　敬之

●発行者／面屋　洋
●発行所／清風堂書店
　〒530-0057　大阪市北区曽根崎2-11-16
　TEL／06-6316-1460

＊本書は、2022年1月にフォーラム・Aから刊行したものを改訂しました。

●印刷／尼崎印刷株式会社
●製本／株式会社高廣製本
●デザイン／美濃企画株式会社
●制作担当編集／青木　圭子
●企画／フォーラム・A
●HP／http://www.seifudo.co.jp/

※乱丁・落丁本は、お取り替えいたします。

テスト式！

点数アップドリル　算数

6年生
答え

ピィすけの
アドバイスつき！

対称な図形

 たぬき

 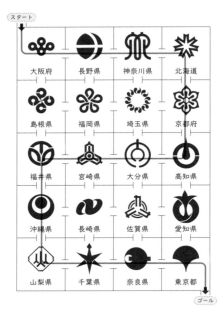

対称な図形 （やさしい）

1
① あ
② う
③ き
④ い
⑤ え
⑥ お
⑦ か
⑧ け

2
①
②

3
① 点A…点F
　　点B…点E
② 辺FE
③ 角D

4
① 点A…点D
　　点B…点E
② 辺DC
③ 角D

5
①
②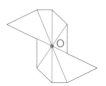

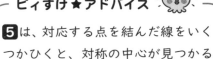

ピィすけ★アドバイス

5 は、対応する点を結んだ線をいくつかひくと、対称の中心が見つかるよ！

対称な図形 （まあまあ）

1
① ○
② △
③ △
④ ○

2
① 4cm
② 3cm
③ 90°
④ 直線BD

3
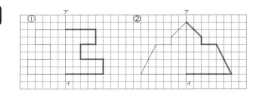

4 ① あ

い

う

② い

5 ① 点A…点E

点B…点F

② 辺FG

③ 角H

6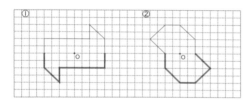

p. 12-13 **対称な図形** ◯◯🐾（ちょいムズ）

1 ① ◯
② □
③ △
④ ◯
⑤ ◯
⑥ ◯
⑦ △
⑧ ✕

2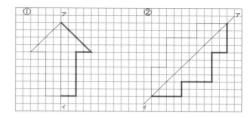

3 ① あ

い

う

② い

4 ①

② 点A…点E

点B…点F

③ 90°

5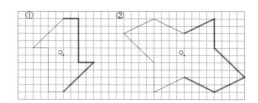

文字と式

- ①
- ②
- ③
- ④
- ⑤
- ⑥

$x+y=20$
$20×x=y$
$x÷20=y$
$x÷y=20$
$20-x=y$
$x×y=20$

2

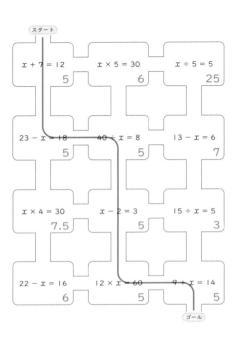

スタート

| $x+7=12$ | $x×5=30$ | $x÷5=5$ |
| 5 | 6 | 25 |

| $23-x=18$ | $40÷x=8$ | $13-x=6$ |
| 5 | 5 | 7 |

| $x×4=30$ | $x-2=3$ | $15÷x=5$ |
| 7.5 | 5 | 3 |

| $22-x=16$ | $12×x=60$ | $9+x=14$ |
| 6 | 5 | 5 |

ゴール

文字と式 （やさしい）

1
- ① $120×x$
- ② $1000-x$
- ③ $250×x+300$

2
- ① $2×3×x$
- ② $12cm^3$
- ③ $24cm^3$
- ④ $6cm$

3
- ① $x+8=15$
  $x=15-8$
  $x=7$
- ② $x-3=7$
  $x=7+3$
  $x=10$
- ③ $x×7=56$
  $x=56÷7$
  $x=8$
- ④ $x÷4=9$
  $x=9×4$
  $x=36$

4
- ① 式 $3×x=y$
- ② 18

5 式 $6×x=24$
  $x=24÷6$
  $x=4$

答え　4cm

ピィすけ★アドバイス

3は、たし算の式はひき算、かけ算の式はわり算で x を求めているね。

文字と式 （まあまあ）

1
- ① $x×3=y$
- ② $x÷5=y$
- ③ $1-x=y$

2
- ① ⓘ
- ② え
- ③ う
- ④ あ

3 ① $x+15=60$

$x=60-15$

$x=45$

② $x-15=60$

$x=60+15$

$x=75$

③ $x\times15=60$

$x=60\div15$

$x=4$

④ $x\div15=6$

$x=15\times6$

$x=90$

4 ① 式　$6\times x\div2=y$

② 6

〈考え方〉

$6\times x\div2=18$

$3\times x=18$

$x=6$

5　式　$4\times x=32$

$x=32\div4$

$x=8$

答え　8cm

p. 20-21　**文字と式** 🌸🌸🌼（ちょいムズ）

1 ① $36\div x=4$

$x=36\div4$

$x=9$

答え　9

② $50\times x=250$

$x=250\div50$

$x=5$

答え　5

③ $35+x=68$

$x=68-35$

$x=33$

答え　33

2 ① ⑤

② ②

③ ①

④ ⑤

3 ① 〈例〉えんぴつ1本とノート4冊の
金額

② 〈例〉ノート3冊と消しゴム2個の
金額

4　式　$x\times6\div2=24$

$x\times3=24$

$x=8$

答え　8cm

5 ① 式　$40\times x+150=y$

② 8

〈考え方〉

$x=4 \ \rightarrow \ 40\times4+150=310$

$x=5 \ \rightarrow \ 40\times5+150=350$

$\vdots$

$x=8 \ \rightarrow \ 40\times8+150=470$

6　7

━ ピィすけ★アドバイス ━

6 は、$x\times2+18=32$ の式になる
ね。xに4、5、6、…と数をあて
はめていくといいよ。

p. 22-23　 **チェック＆ゲーム**

分数のかけ算

👑 ① ○

② ×

③ ○

④ ×

⑤ ×

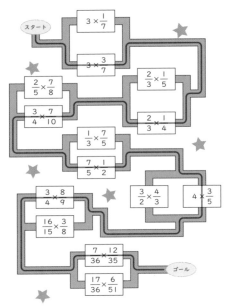

⑥ $\dfrac{2}{9} \times \dfrac{3}{8} = \dfrac{\overset{1}{\cancel{2}} \times \overset{1}{\cancel{3}}}{\underset{3}{\cancel{9}} \times \underset{4}{\cancel{8}}}$

$\quad = \dfrac{1}{12}$

⑦ $\dfrac{2}{3} \times \dfrac{9}{10} = \dfrac{\overset{1}{\cancel{2}} \times \overset{3}{\cancel{9}}}{\underset{1}{\cancel{3}} \times \underset{5}{\cancel{10}}}$

$\quad = \dfrac{3}{5}$

⑧ $\dfrac{5}{12} \times \dfrac{2}{15} = \dfrac{\overset{1}{\cancel{5}} \times \overset{1}{\cancel{2}}}{\underset{6}{\cancel{12}} \times \underset{3}{\cancel{15}}}$

$\quad = \dfrac{1}{18}$

2 ① $\dfrac{5}{4} \left(1\dfrac{1}{4} \right)$

② $\dfrac{3}{2} \left(1\dfrac{1}{2} \right)$

③ $\dfrac{4}{7}$

④ $\dfrac{2}{3}$

3 あ、う ※順不同

4 式 $\dfrac{1}{3} \times \dfrac{5}{7} = \dfrac{5}{21}$

答え　$\dfrac{5}{21}$ m²

5 式 $50 \times \dfrac{4}{5} = \dfrac{\overset{10}{\cancel{50}} \times 4}{\underset{1}{\cancel{5}}}$

$\quad = 40$

答え　40g

6 式 $900 \times \dfrac{2}{3} = \dfrac{\overset{300}{\cancel{900}} \times 2}{\underset{1}{\cancel{3}}}$

$\quad = 600$

答え　600g

ピィすけ★アドバイス

2 は、約分できるところは約分してから計算するといいよ！

p.24-25 **分数のかけ算** 🐾🌸🌸（やさしい）

1 ① $5 \times \dfrac{3}{4} = \dfrac{5 \times 3}{4}$

$\quad = \dfrac{15}{4} \left(3\dfrac{3}{4} \right)$

② $\dfrac{7}{8} \times 3 = \dfrac{7 \times 3}{8}$

$\quad = \dfrac{21}{8} \left(2\dfrac{5}{8} \right)$

③ $\dfrac{5}{6} \times \dfrac{1}{3} = \dfrac{5 \times 1}{6 \times 3}$

$\quad = \dfrac{5}{18}$

④ $\dfrac{4}{7} \times \dfrac{2}{5} = \dfrac{4 \times 2}{7 \times 5}$

$\quad = \dfrac{8}{35}$

⑤ $\dfrac{5}{8} \times \dfrac{3}{10} = \dfrac{\overset{1}{\cancel{5}} \times 3}{8 \times \underset{2}{\cancel{10}}}$

$\quad = \dfrac{3}{16}$

ピィすけ★アドバイス

2の④は、帯分数を仮分数になおしてから逆数を出すといいよ。

3は、１より小さい分数をかけると積は５（かけられる数）より小さくなることをおぼえておこう♪

p. 26-27　**分数のかけ算** 🌼🐾🌼（まあまあ）

1 ① $8 \times \dfrac{2}{9} = \dfrac{8 \times 2}{9}$

$= \dfrac{16}{9} \left(1\dfrac{7}{9} \right)$

② $\dfrac{2}{3} \times \dfrac{4}{5} = \dfrac{2 \times 4}{3 \times 5}$

$= \dfrac{8}{15}$

③ $\dfrac{5}{6} \times \dfrac{3}{10} = \dfrac{\overset{1}{5} \times \overset{1}{3}}{\underset{2}{6} \times \underset{2}{10}}$

$= \dfrac{1}{4}$

④ $\dfrac{3}{8} \times \dfrac{4}{9} = \dfrac{\overset{1}{3} \times \overset{1}{4}}{\underset{2}{8} \times \underset{3}{9}}$

$= \dfrac{1}{6}$

⑤ $3\dfrac{1}{3} \times \dfrac{9}{10} = \dfrac{\overset{1}{10} \times \overset{3}{9}}{\underset{1}{3} \times \underset{1}{10}}$

$= 3$

⑥ $2\dfrac{2}{5} \times \dfrac{1}{4} = \dfrac{\overset{3}{12} \times 1}{5 \times \underset{1}{4}}$

$= \dfrac{3}{5}$

⑦ $3\dfrac{3}{8} \times 1\dfrac{5}{9} = \dfrac{\overset{3}{27} \times \overset{7}{14}}{\underset{4}{8} \times \underset{1}{9}}$

$= \dfrac{21}{4} \left(5\dfrac{1}{4} \right)$

⑧ $4\dfrac{1}{2} \times 1\dfrac{4}{9} = \dfrac{\overset{1}{9} \times 13}{2 \times \underset{1}{9}}$

$= \dfrac{13}{2} \left(6\dfrac{1}{2} \right)$

2 ① $\dfrac{9}{5} \left(1\dfrac{4}{5} \right)$

② $\dfrac{3}{8}$

③ $\dfrac{1}{4}$

④ $\dfrac{10}{9} \left(1\dfrac{1}{9} \right)$

3 ① （順に）１、$\dfrac{2}{5}$

② （順に）$\dfrac{1}{8}$、$\dfrac{3}{4}$　※〜は $\dfrac{6}{8}$ も可。

$\dfrac{7}{8}$、$\dfrac{1}{7}$

$\dfrac{1}{8}$

4 １、２、３　※順不同

5 式　$\dfrac{4}{5} \times \dfrac{7}{8} = \dfrac{\overset{1}{4} \times 7}{5 \times \underset{2}{8}}$

$= \dfrac{7}{10}$

答え　$\dfrac{7}{10}$ m²

6 $24 \times \dfrac{3}{4} = \dfrac{\overset{6}{24} \times 3}{\underset{1}{4}}$

$= 18$

答え　18人

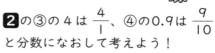

ピィすけ★アドバイス

2の③の４は $\dfrac{4}{1}$、④の0.9は $\dfrac{9}{10}$ と分数になおして考えよう！

4は、５より小さくするには１より小さい分数をかければいいね！

p. 28-29　**分数のかけ算** 🌼🌼🐾（ちょいムズ）

1 ① $12 \times \dfrac{4}{15} = \dfrac{\overset{4}{12} \times 4}{\underset{5}{15}}$

$= \dfrac{16}{5} \left(3\dfrac{1}{5} \right)$

② $\dfrac{3}{8} \times 24 = \dfrac{3 \times \overset{3}{\cancel{24}}}{\cancel{8}_1}$

$= 9$

③ $\dfrac{8}{9} \times \dfrac{3}{4} = \dfrac{\overset{2}{\cancel{8}} \times \overset{1}{\cancel{3}}}{\cancel{9}_3 \times \cancel{4}_1}$

$= \dfrac{2}{3}$

④ $\dfrac{5}{6} \times \dfrac{2}{15} = \dfrac{\overset{1}{\cancel{5}} \times \overset{1}{\cancel{2}}}{\cancel{6}_3 \times \cancel{15}_3}$

$= \dfrac{1}{9}$

⑤ $2\dfrac{1}{10} \times 2\dfrac{6}{7} = \dfrac{\overset{3}{\cancel{21}} \times \overset{2}{\cancel{20}}}{\cancel{10}_1 \times \cancel{7}_1}$

$= 6$

⑥ $2\dfrac{4}{9} \times 1\dfrac{7}{8} = \dfrac{\overset{11}{\cancel{22}} \times \overset{5}{\cancel{15}}}{\cancel{9}_3 \times \cancel{8}_4}$

$= \dfrac{55}{12} \left(4\dfrac{7}{12} \right)$

⑦ $\dfrac{5}{6} \times \dfrac{3}{4} \times \dfrac{8}{15} = \dfrac{\overset{1}{\cancel{5}} \times \overset{1}{\cancel{3}} \times \overset{2}{\cancel{8}}_1}{\cancel{6}_2 \times \cancel{4}_1 \times \cancel{15}_3}$

$= \dfrac{1}{3}$

⑧ $2\dfrac{2}{5} \times \dfrac{7}{8} \times 1\dfrac{3}{7} = \dfrac{\overset{3}{\cancel{12}} \times \overset{1}{\cancel{7}} \times \overset{1}{\cancel{10}}_2}{\cancel{5}_1 \times \cancel{8}_2 \times \cancel{7}_1}$

$= 3$

2 ① $\dfrac{1}{5}$

② 100

③ 4

④ $\dfrac{10}{13}$

3 ⓘ→ⓤ→ⓔ→ⓐ

4 式 $\left(1\dfrac{1}{5} + \dfrac{4}{5} \right) \times 4\dfrac{1}{8} = 2 \times 4\dfrac{1}{8}$

$= \dfrac{\overset{1}{\cancel{8}} \times 33}{\cancel{8}_4}$

$= \dfrac{33}{4}$

答え $\dfrac{33}{4}$ m² $\left(8\dfrac{1}{4} \text{m²} \right)$

5 式 $3\dfrac{1}{3} \times 3\dfrac{1}{3} = \dfrac{10 \times 10}{3 \times 3}$

$= \dfrac{100}{9}$

答え $\dfrac{100}{9}$ m² $\left(11\dfrac{1}{9} \text{m²} \right)$

6 式 $60 \times 2\dfrac{1}{4} = \dfrac{\overset{15}{\cancel{60}} \times 9}{\cancel{4}_1}$

$= 135$

答え 135 km

p.30-31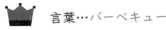

分数のわり算

👑 言葉…バーベキュー

※計算の答え

① $\dfrac{11}{24}$ ② 14 ③ $\dfrac{4}{3}$

④ $\dfrac{2}{9}$ ⑤ $\dfrac{3}{7}$

p.32-33 **分数のわり算** 🐾🌼🌸 (やさしい)

1 ① $\dfrac{3}{2}$

② $\dfrac{9}{7}$

2 ① $5 \div \dfrac{2}{7} = \dfrac{5 \times 7}{2}$

$= \dfrac{35}{2} \left(17\dfrac{1}{2} \right)$

② $6 \div \dfrac{3}{8} = \dfrac{\overset{2}{\cancel{6}} \times 8}{\cancel{3}_1}$

$= 16$

③ $\dfrac{3}{4} \div \dfrac{2}{5} = \dfrac{3 \times 5}{4 \times 2}$

$= \dfrac{15}{8} \left(1\dfrac{7}{8} \right)$

④ $\dfrac{5}{8} \div \dfrac{3}{7} = \dfrac{5 \times 7}{8 \times 3}$

$= \dfrac{35}{24} \left(1\dfrac{11}{24} \right)$

⑤ $\dfrac{4}{5} \div \dfrac{8}{9} = \dfrac{4 \times 9}{5 \times 8_2}$

$= \dfrac{9}{10}$

⑥ $\dfrac{5}{6} \div \dfrac{10}{11} = \dfrac{5 \times 11}{6 \times 10_2}$

$= \dfrac{11}{12}$

⑦ $\dfrac{3}{8} \div \dfrac{9}{14} = \dfrac{3 \times 14^7}{_4 8 \times 9_3}$

$= \dfrac{7}{12}$

⑧ $\dfrac{5}{6} \div \dfrac{5}{12} = \dfrac{5 \times 12^2}{_1 6 \times 5_1}$

$= 2$

3 あ、え ※順不同

4 式 $\dfrac{5}{6} \div \dfrac{7}{8} = \dfrac{5 \times 8^4}{_3 6 \times 7}$

$= \dfrac{20}{21}$

答え $\dfrac{20}{21}$ kg

5 式 $\dfrac{3}{5} \div \dfrac{1}{15} = \dfrac{3 \times 15^3}{_1 5 \times 1}$

$= 9$

答え 9本

6 式 $300 \div 1\dfrac{1}{2} = \dfrac{300 \times 2}{3_1}^{100}$

$= 200$

答え 200円

ピィすけ★アドバイス

3 は、1より小さい分数でわると商は5より大きくなるよ！

p. 34-35 **分数のわり算** ☺🐾☺（まあまあ）

1 ① $3 \div \dfrac{4}{7} = \dfrac{3 \times 7}{4}$

$= \dfrac{21}{4} \left(5\dfrac{1}{4}\right)$

② $4 \div \dfrac{2}{9} = \dfrac{4 \times 9}{2_1}^2$

$= 18$

③ $\dfrac{4}{5} \div \dfrac{3}{7} = \dfrac{4 \times 7}{5 \times 3}$

$= \dfrac{28}{15} \left(1\dfrac{13}{15}\right)$

④ $\dfrac{5}{8} \div \dfrac{3}{4} = \dfrac{5 \times 4^1}{_2 8 \times 3}$

$= \dfrac{5}{6}$

⑤ $\dfrac{2}{3} \div \dfrac{8}{9} = \dfrac{2 \times 9^3}{_1 3 \times 8_4}$

$= \dfrac{3}{4}$

⑥ $\dfrac{9}{10} \div \dfrac{3}{5} = \dfrac{9^3 \times 5^1}{_2 10 \times 3_1}$

$= \dfrac{3}{2} \left(1\dfrac{1}{2}\right)$

⑦ $2\dfrac{1}{6} \div 1\dfrac{5}{8} = \dfrac{13}{6} \div \dfrac{13}{8}$

$= \dfrac{13 \times 8^4}{_3 6 \times 13_1}$

$= \dfrac{4}{3} \left(1\dfrac{1}{3}\right)$

⑧ $3\dfrac{1}{3} \div \dfrac{5}{9} = \dfrac{10^2 \times 9^3}{_1 3 \times 5_1}$

$= 6$

2 あ→え→う→い

3 ① 25
② 100

4 式 $\dfrac{5}{8} \div \dfrac{7}{9} = \dfrac{5 \times 9}{8 \times 7}$

$= \dfrac{45}{56}$

答え $\dfrac{45}{56}$ m²

5 式 $\dfrac{5}{6} \div \dfrac{1}{2} = \dfrac{5 \times \overset{1}{\cancel{2}}}{\underset{3}{\cancel{6}} \times 1}$

$\qquad\qquad = \dfrac{5}{3}$

答え $\dfrac{5}{3}$ 倍 $\left(1\dfrac{2}{3}倍\right)$

6 式 $\dfrac{3}{4} \div \dfrac{2}{3} = \dfrac{3 \times 3}{4 \times 2}$

$\qquad\qquad = \dfrac{9}{8}$

答え $\dfrac{9}{8}$ 倍 $\left(1\dfrac{1}{8}倍\right)$

ピィすけ★アドバイス

3 は、①は $15 \div \dfrac{3}{5}$、②は $25 \div \dfrac{1}{4}$ で求められるよ。

p.36-37 **分数のわり算** ○○🐾 （ちょいムズ）

1 ① $\dfrac{3}{7} \div \dfrac{4}{5} = \dfrac{3 \times 5}{7 \times 4}$

$\qquad\qquad = \dfrac{15}{28}$

② $\dfrac{7}{8} \div \dfrac{5}{12} = \dfrac{7 \times \overset{3}{\cancel{12}}}{\underset{2}{\cancel{8}} \times 5}$

$\qquad\qquad = \dfrac{21}{10}\left(2\dfrac{1}{10}\right)$

③ $\dfrac{5}{6} \div \dfrac{15}{16} = \dfrac{\overset{1}{\cancel{5}} \times \overset{8}{\cancel{16}}}{\underset{3}{\cancel{6}} \times \underset{3}{\cancel{15}}}$

$\qquad\qquad = \dfrac{8}{9}$

④ $\dfrac{2}{3} \div \dfrac{4}{9} = \dfrac{\overset{1}{\cancel{2}} \times \overset{3}{\cancel{9}}}{\underset{1}{\cancel{3}} \times \underset{2}{\cancel{4}}}$

$\qquad\qquad = \dfrac{3}{2}\left(1\dfrac{1}{2}\right)$

⑤ $1\dfrac{1}{15} \div 2\dfrac{2}{5} = \dfrac{16}{15} \div \dfrac{12}{5}$

$\qquad\qquad = \dfrac{\overset{4}{\cancel{16}} \times \overset{1}{\cancel{5}}}{\underset{3}{\cancel{15}} \times \underset{3}{\cancel{12}}}$

$\qquad\qquad = \dfrac{4}{9}$

⑥ $1\dfrac{1}{6} \div 1\dfrac{5}{9} = \dfrac{7}{6} \div \dfrac{14}{9}$

$\qquad\qquad = \dfrac{\overset{1}{\cancel{7}} \times \overset{3}{\cancel{9}}}{\underset{2}{\cancel{6}} \times \underset{2}{\cancel{14}}}$

$\qquad\qquad = \dfrac{3}{4}$

⑦ $\dfrac{1}{8} \div \dfrac{5}{9} \div \dfrac{3}{4} = \dfrac{1 \times \overset{3}{\cancel{9}} \times \overset{1}{\cancel{4}}}{\underset{2}{\cancel{8}} \times 5 \times \underset{1}{\cancel{3}}}$

$\qquad\qquad = \dfrac{3}{10}$

⑧ $\dfrac{3}{4} \div \dfrac{5}{8} \div \dfrac{5}{9} = \dfrac{3 \times \overset{2}{\cancel{8}} \times 9}{\underset{1}{\cancel{4}} \times 5 \times 5}$

$\qquad\qquad = \dfrac{54}{25}\left(2\dfrac{4}{25}\right)$

2 え→あ→う→い

3 ① $\dfrac{5}{6}$

② $\dfrac{2}{3}$

4 式 $14 \div \dfrac{70}{60} = \dfrac{\overset{2}{\cancel{14}} \times \overset{6}{\cancel{60}}}{\underset{1}{\cancel{70}}}$

$\qquad\qquad = 12$

答え 時速12km

5 式 $500 \div \dfrac{2}{3} = \dfrac{\overset{250}{\cancel{500}} \times 3}{\underset{1}{\cancel{2}}}$

$\qquad\qquad = 750$

答え 750mL

6 式 $36 \div \dfrac{4}{9} = \dfrac{\overset{9}{\cancel{36}} \times 9}{\underset{1}{\cancel{4}}}$

$\qquad\qquad = 81$

答え 81人

ピィすけ★アドバイス

3 は、①は $\dfrac{4}{5} \times \square = \dfrac{2}{3}$ で

$\dfrac{2}{3} \div \dfrac{4}{5}$、

②は $\dfrac{1}{6} \div \dfrac{1}{4}$ で求められるよ。

小数と分数のかけ算、わり算

🐾（まあまあ）

Ⅰ ① $\dfrac{7}{10}$

② $\dfrac{11}{100}$

③ $\dfrac{19}{10}$

④ $\dfrac{33}{10}$

2 ① $\dfrac{5}{8} \times 0.6 = \dfrac{\overset{1}{\cancel{5}} \times \overset{3}{\cancel{6}}}{\underset{4}{\cancel{8}} \times \underset{2}{\cancel{10}}}$

$= \dfrac{3}{8}$

② $1.8 \div \dfrac{3}{5} = \dfrac{\overset{3}{\cancel{18}} \times \overset{1}{\cancel{5}}}{\underset{1}{\cancel{10}} \times \underset{1}{\cancel{3}}}$

$= 3$

③ $\dfrac{3}{8} \times 4 \div 0.9 = \dfrac{3}{8} \times \dfrac{4}{1} \div \dfrac{9}{10}$

$= \dfrac{\overset{1}{\cancel{3}} \times \overset{1}{\cancel{4}} \times \overset{5}{\cancel{10}}}{\underset{1}{\cancel{8}} \times 1 \times \underset{3}{\cancel{9}}}$

$= \dfrac{5}{3} \left(1 \dfrac{2}{3}\right)$

④ $1.5 \div \dfrac{3}{7} \times 2 = \dfrac{15}{10} \div \dfrac{3}{7} \times \dfrac{2}{1}$

$= \dfrac{\overset{5}{\cancel{15}} \times 7 \times \overset{1}{\cancel{2}}}{\underset{5}{\cancel{10}} \times \underset{1}{\cancel{3}} \times 1}$

$= 7$

3 ① 式 $3.3 \times 2\dfrac{2}{3} \div 2 = \dfrac{\overset{11}{\cancel{33}} \times \overset{4}{\cancel{8}} \times 1}{\underset{5}{\cancel{10}} \times \underset{1}{\cancel{3}} \times \underset{1}{\cancel{2}}}$

$= \dfrac{22}{5}$

答え $\dfrac{22}{5}$cm² $\left(4\dfrac{2}{5}\text{cm}^2\right)$

② 式 $2 \times 0.8 \times 1\dfrac{1}{4} = \dfrac{\overset{1}{\cancel{2}} \times \overset{2}{\cancel{8}} \times \overset{1}{\cancel{5}}}{1 \times \underset{1}{\cancel{10}} \times \underset{1}{\cancel{4}}}$

$= 2$

答え 2m³

4 式 $24 \div \left(4.5 \times 1\dfrac{3}{5}\right)$

$= 24 \div \left(\dfrac{\overset{9}{\cancel{45}} \times \overset{4}{\cancel{8}}}{\underset{5}{\cancel{10}} \times \underset{1}{\cancel{5}}}\right)$

$= 24 \div \dfrac{36}{5} = \dfrac{\overset{2}{\cancel{24}} \times 5}{\underset{3}{\cancel{36}}} = \dfrac{10}{3}$

答え $\dfrac{10}{3}$m $\left(3\dfrac{1}{3}\text{m}\right)$

5 式 $900 \div 4\dfrac{2}{7} \times 1.2$

$= 900 \div \dfrac{30}{7} \times \dfrac{12}{10}$

$= \dfrac{\overset{30}{\cancel{900}} \times 7 \times 12}{1 \times \underset{1}{\cancel{30}} \times \underset{1}{\cancel{10}}} = 252$

答え 分速252m

比

1 ねずみ

2

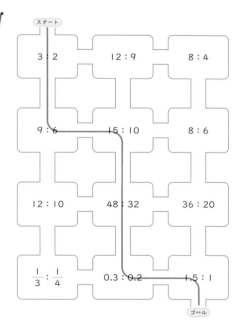

3 : 2	12 : 9	8 : 4
9 : 6	15 : 10	8 : 6
12 : 10	48 : 32	36 : 20
$\dfrac{1}{3} : \dfrac{1}{4}$	0.3 : 0.2	1.5 : 1

1 ① $\dfrac{3}{5}$　② $\dfrac{9}{4}\left(2\dfrac{1}{4}\right)$
　　③ $\dfrac{1}{2}$　④ $\dfrac{2}{3}$

2 ① — う
　　② — え
　　③ — あ
　　④ — い

3 ① 20
　　② 20
　　③ 36
　　④ 2

4 ① 1：3
　　② 2：3
　　③ 3：5
　　④ 1：2

5 式　$15\times\dfrac{4}{3}=20$

　　〈別の考え方〉

　　$3：4=15：x$
　　　　$x=4\times5$
　　　　$x=20$

　　　　　　　　　　答え　20枚

6 式　$2+7=9$

　　$36\times\dfrac{2}{9}=8$（大人）

　　$36-8=28$（子ども）

　　　　答え　大人8人　子ども28人

1 ① $\dfrac{4}{7}$　　　② $\dfrac{3}{4}$
　　③ $\dfrac{5}{4}\left(1\dfrac{1}{4}\right)$　④ $\dfrac{1}{6}$

2 い、え　※順不同

3 ① 3
　　② 30
　　③ 3
　　④ 5

4 ① 2：3
　　② 3：8
　　③ 2：3
　　④ 8：9

5 式　$12\times\dfrac{4}{3}=16$

　　〈別の考え方〉

　　$3：4=12：x$
　　　　$x=4\times4$
　　　　$x=16$

　　　　　　　　　　答え　16cm

6 式　$7+5=12$

　　$36\times\dfrac{7}{12}=21$

　　$36-21=15$

　　　　　　答え　21mと15m

7 式　$4+5=9$

　　$108\times\dfrac{4}{9}=48$（5年）

　　$108-48=60$（6年）

　　　　答え　5年生48人、6年生60人

比 🌸🌸🐾（ちょいムズ）

1 ① 3 ② $\frac{5}{3}$ $\left(1\frac{2}{3}\right)$

③ $\frac{4}{9}$ ④ $\frac{4}{3}$ $\left(1\frac{1}{3}\right)$

2 ㋐、㋓ ※順不同

3 ① 35

② 4

③ 12

④ 2

4 ① 6：17

② 1：3

③ 6：5

④ 9：10

5 式 $3+2=5$

$3\times\frac{3}{5}=\frac{9}{5}$

$9\div5=1.8$

$3-1.8=1.2$

答え わたし1.8m、妹1.2m

6 式 $20\div2=10$

$2+3=5$

$10\times\frac{2}{5}=4$（縦）

$10-4=6$（横）

答え 縦4cm、横6cm

7 式 昨日：今日＝1：3

$1+3=4$

$48\times\frac{1}{4}=12$（昨日）

$48-12=36$（今日）

答え 昨日12個、今日36個

ピィすけ★アドバイス

4の③、④のように分母のちがう分数の比を簡単にするときは、まず通分しよう！

6は、まわりが20cmだから、1つの縦と横の合計は10cmだね。

チェック＆ゲーム

拡大図と縮図

1 ㋩ ×

㋜ ○

㋐ ×

㋑ ○

㋕ ○

㋰ ×

答え スイカ

2 拡大図 ㋔

縮図 ㋕

拡大図と縮図 🌸🌼🌼（やさしい）

1 拡大図 ㋔

縮図 ㋒

2 ① 辺DE、4cm

② 角E、60°

③ 辺EF、5cm

3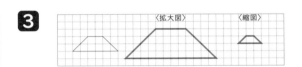

4

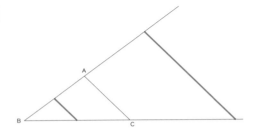

5 2.5m（250cm）

p. 52-53 **拡大図と縮図** 🌼👣🌸（まあまあ）

1 拡大図　　き

　　縮図　　　か

2 ① 辺EF、　4cm

　　② 角F、70°

　　③ 辺FG、　6cm

3

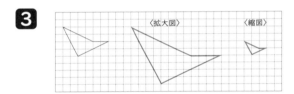

4

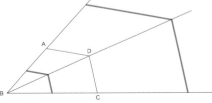

5 1：1000

p. 54-55 **拡大図と縮図** 🌸🌸👣（ちょいムズ）

1 ①と⑧、③と⑩、⑦と⑨

　　※順不同

2

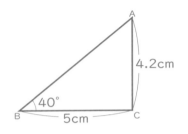

ACの長さは21m

※ものさしではかった1mm程度の差で
　出た答えがちがっても、求め方があっ
　ていれば正解とします。

3

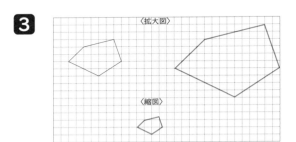

4 ① 2000分の1

　　② 6000m²

5 ① 30　　　② 10

　　③ $\frac{1}{10000}$　　④ $\frac{1}{50000}$

ピィすけ★アドバイス

3は、図形がちょうど入る長方形を
かいて拡大図、縮図を考えるとわか
りやすいよ！

p. 56-57 **チェック＆ゲーム**

円の面積

① ──── あ
② ╲ ╱ い
③ ╱ ╲ う
④ ──── え

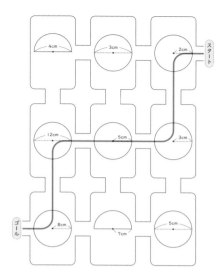

④ 式　6×6×3.14−3×3×3.14

　　＝36×3.14−9×3.14

　　＝(36−9)×3.14

　　＝27×3.14

　　＝84.78

答え　84.78cm²

⑤ 式　8×8×3.14÷2＝100.48

答え　100.48cm²

p.60-61　**円の面積** ○🐾○（まあまあ）

1　⑦ ②　　　　⑦ ③

　　⑦ ①　　　　⑨ ④

2　式　3×3×3.14＝28.26

答え　28.26cm²

3　① 式　10÷2＝5

　　5×5×3.14＝78.5

答え　78.5cm²

② 式　10×10×3.14÷2＝157

　　10÷2＝5

　　5×5×3.14＝78.5

　　157−78.5＝78.5

答え　78.5cm²

③ 式　10×10÷2＝50

　　10×10×3.14÷4＝78.5

　　78.5−50＝28.5

答え　28.5cm²

④ 式　8×8×3.14÷4＝50.24

答え　50.24cm²

⑤ 式　8×8＝64

　　8÷2＝4

　　4×4×3.14＝50.24

　　64−50.24＝13.76

答え　13.76cm²

p.58-59　**円の面積** 🐾○○（やさしい）

1　① あ

　　② う

2　① 式　5×5×3.14＝78.5

答え　78.5cm²

② 式　10×10×3.14＝314

答え　314cm²

③ 式　8÷2＝4

　　4×4×3.14＝50.24

答え　50.24cm²

④ 式　18÷2＝9

　　9×9×3.14＝254.34

答え　254.34cm²

3　① 式　5×5×3.14÷2＝39.25

答え　39.25cm²

② 式　10×10×3.14÷4＝78.5

答え　78.5cm²

③ 式　10×10＝100

　　10÷2＝5

　　5×5×3.14＝78.5

　　100−78.5＝21.5

答え　21.5cm²

　円の面積 ☺☺🐾（ちょいムズ）

1　⑦　③　　　　⑦　②
　　　⑦　①　　　　⑧　④

2　式　18.84÷3.14＝6（直径）
　　　　　6÷2＝3（半径）
　　　　　3×3×3.14＝28.26
　　　　　　　　　　　　答え　28.26cm²

3　①　式　16÷2＝8
　　　　　　8×8×3.14÷2＝100.48
　　　　　　　　　　　　答え　100.48cm²
　　②　式　360÷60＝6
　　　　　　6×6×3.14÷6＝18.84
　　　　　　　　　　　　答え　18.84cm²
　　③　式　10×10÷2＝50（三角形）
　　　　　　10×10×3.14÷4＝78.5
　　　　　　78.5−50＝28.5（🌙1つ分）
　　　　　　28.5×2＝57（🌙2つ分）
　　　　　　　　　　　　答え　57cm²
　　④　式　9×6＝54
　　　　　　　　　　　　答え　54cm²

4　〈例〉　⑧の白い部分をあわせると半径
　　　　　5cmの円になるので、⑧も⑩も1
　　　　　辺10cmの正方形から半径5cmの
　　　　　円をひいた面積になるから。

ピィすけ★アドバイス

3の④は、円の半分を右に移すと長
方形になるよ。

　チェック＆ゲーム
角柱と円柱の体積

👑 **1**　①　⑧
　　　名前…三角柱
　　②　③
　　　名前…円柱

👑 **2**　⑨　式　4×5×6＝120
　　　　　　　　　　答え　120cm³
　　⑦　式　6×5÷2×6＝90
　　　　　　　　　　答え　90cm³
　　⑦　式　3×5×10＝150
　　　　　　　　　　答え　150cm³
　　⑩　式　2×2×3.14×10＝125.6
　　　　　　　　　　答え　125.6cm³
　　⊗　式　6×9÷2×5＝135
　　　　　　　　　　答え　135cm³
　　⑦　式　（5＋3）×4÷2×10＝160
　　　　　　　　　　答え　160cm³

体積が大きい順に読むと…テイメンセキ

p. 66-67　**角柱と円柱の体積**
　　　　　　　　　　🐾☺☺（やさしい）

1　①　底面積×高さ
　　②　底面積×高さ

2　①　高さ
　　②　底面積
　　③　円柱
　　④　三角柱

3　①　式　12×5＝60
　　　　　　　　　　答え　60cm³
　　②　式　13×5＝65
　　　　　　　　　　答え　65cm³

4　① 式　$6 \times 3 \div 2 \times 12 = 108$

答え　108cm³

　　② 式　$4 \times 8 \times 10 = 320$

答え　320cm³

　　③ 式　$(4 + 8) \times 3 \div 2 \times 12 = 216$

答え　216cm³

　　④ 式　$4 \times 4 \times 3.14 \times 10 = 502.4$

答え　502.4cm³

p.68-69　**角柱と円柱の体積**

✿🐾✿✿（まあまあ）

1　① 底面積×高さ

　　② 底面積×高さ

↓

半径×半径×3.14

2　① 式　$10 \times 6 = 60$

答え　60cm³

　　② 式　$29 \times 10 = 290$

答え　290cm³

　　③ 式　$15 \times 8 = 120$

答え　120cm³

3　① 式　$5 \times 4 \div 2 \times 12 = 120$

答え　120cm³

　　② 式　$3 \times 5 \times 20 = 300$

答え　300cm³

　　③ 式　$3 \times 3 \times 3.14 \div 2 \times 15$
$= 211.95$

答え　211.95cm³

4　式　$4 \times 3 \div 2 \times 6 = 36$

答え　36cm³

p.70-71　**角柱と円柱の体積**

✿✿🐾（ちょいムズ）

1　① 式　$30 \times 15 = 450$

答え　450cm³

　　② 式　$35 \times 12 = 420$

答え　420cm³

　　③ 式　$314 \times 5 = 1570$

答え　1570cm³

　　④ 式　$18 \times 11 = 198$

答え　198cm³

2　式　$60 \div (4 \times 6 \div 2) = 5$

答え　5 cm

3　① 式　$6 \times 3 \div 2 = 9$
$9 \times 12 = 108$

答え　108cm³

　　② 式　$(5 + 10) \times 6 \div 2 = 45$
$45 \times 20 = 900$

答え　900cm³

　　③ 式　$4 + 4 = 8$
$8 \times 8 \times 3.14 - 4 \times 4 \times 3.14$
$= (64 - 16) \times 3.14$
$= 150.72$
150.72×10
$= 1507.2$

答え　1507.2cm³

4　① 式　$25.12 \div 3.14 = 8$

答え　8 cm

　　② 式　$8 \div 2 = 4$
$4 \times 4 \times 3.14 \times 12 = 602.88$

答え　602.88cm³

チェック＆ゲーム
およその面積と体積

1
① ——— 直方体
② ——— 円と台形
③ ——— 三角形
④ ——— 円と長方形
⑤ ——— 台形
⑥ ——— 円柱
⑦ ——— 三角柱

2
① 二等辺三角形
② あ
③ Ⓐ
④ 2.7×6.9÷2＝9.315
　　9.315×16＝149.04
　　　　　　答え　149.04cm²

およその面積と体積
😺🐾（やさしい）

1
① 三角形
② 式　60×22÷2＝660
　　　　　答え　（約）660km²

2
① 円と台形　（台形と円も可）
② 式　50×50×3.14＋8000
　　　＝15850
　　　　　答え　（約）15850m²

3
① 台形
② 式　(280＋120)×200÷2
　　　＝40000
　　　　　答え　（約）40000m²

4
① 円柱
② 式　8÷2＝4
　　　4×4×3.14×10＝502.4
　　　　　答え　（約）502.4cm³

およその面積と体積

1
①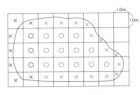
② あ　15　　　い　1500
　　う　22　　　え　1100
　　　　答え　（約）2600m²

2 式　1×4＝4
　　　0.5×14＝7
　　　4＋7＝11
　　　　答え　（約）11cm²

3 式　8÷2＝4
　　　4×4×3.14×5＝251.2
　　　　答え　（約）251.2cm³

4 式　(1.2＋0.8)×1÷2×1.5＝1.5
　　　　答え　（約）1.5m³

 チェック＆ゲーム
比例と反比例

1 ①、④、⑨　※順不同

2
ピ　比
ア　反
タ　比
ゴ　比
ラ　反
ス　比
（ス）　比
　　　　答え　ピタゴラス

p. 80-81　**比例と反比例** 🐾🔘🔘（やさしい）

1
① 比例 ╳ あ
② 反比例 ╳ い

2
① △
② ○

3
①

高さ x(cm)	1	2	3	4	5
面積 y(cm²)	4	8	12	16	20

②

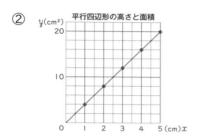

平行四辺形の高さと面積

③ $y = 4 \times x$

4
①

縦の長さ x(cm)	1	2	3	4	5	6	8	12
横の長さ y(cm)	12	6	4	3	2.4	2	1.5	1

② 12（cm）
③ $y = 12 \div x$
④ 1.2cm
⑤

長方形の縦の長さと横の長さ

p. 82-83　**比例と反比例** 🔘🐾🔘（まあまあ）

1
① ○
② ×
③ ○
④ ×

⑤ △
⑥ △

2
①

時間 x(分)	1	2	3	4	5
深さ y(cm)	2	4	6	8	10

②

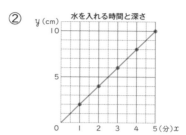

水を入れる時間と深さ

③ $y = 2 \times x$

3
①

1分間に入れる水の量 x(L)	1	2	3	4	5	6	10	12
かかる時間 y(分)	36	18	12	9	7.2	6	3.6	3

② $y = 36 \div x$
③

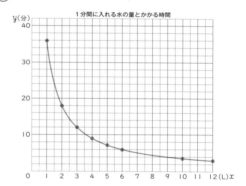

1分間に入れる水の量とかかる時間

④ 4.5L

p. 84-85　**比例と反比例** 🔘🔘🐾（ちょいムズ）

1
①

1辺の長さ x(cm)	1	2	3	4	5	6
まわりの長さ y(cm)	4	8	12	16	20	24

② $y = 4 \times x$

③

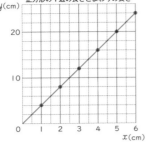

正方形の1辺の長さとまわりの長さ

3は、花の形のカードの重さが正方形のカードの重さの何倍になるか考えてみよう。18÷4で4.5倍とわかるね。重さと面積は比例するので、面積も4.5倍になるよ。正方形のカードの面積は10×10で100cm²、100×4.5で花の形のカードの面積が求められるよ。

2 ①

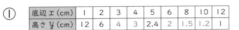

底辺 x(cm)	1	2	3	4	5	6	8	10	12
高さ y(cm)	12	6	4	3	2.4	2	1.5	1.2	1

② $y = 12 \div x$

③

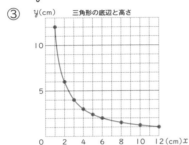

三角形の底辺と高さ

3 式　$18 \div 4 = 4.5$
　　　$10 \times 10 = 100$
　　　$100 \times 4.5 = 450$

　　　　　　　　　　　答え　450cm²

4 ① 反比例している

②

1分間に入れる水の量 x(L)	1	2	3	4	5	6	10	12
水そうがいっぱいになる時間 y(分)	60	30	20	15	12	10	6	5

③ $y = 60 \div x$

④ 3

5 式　$6 \div 10 = 0.6$
　　　$5 \times 0.6 = 3$
　　〈別の考え方〉
　　　$6 \times 5 = 30$
　　　$30 \div 10 = 3$

　　　　　　　　　　　答え　3回

p.86-87 **チェック＆ゲーム**
並べ方と組み合わせ方

♛ ① ×
　 ② ○
　 ③ ×
　 ④ ○
　 ⑤ ○

♚ ① 3通り
　 ② 5通り
　 ③ 8通り
　 ④ 7通り

p.88-89 **並べ方と組み合わせ方**

🐾🌸🌸（やさしい）

1 ①

```
      左      中      右
              B ―（ C ）
   A ＜
             （ C ）―（ B ）

              A ―（ C ）
   B ＜
             （ C ）―（ A ）

            （ A ）―（ B ）
 （ C ）＜
              B ―（ A ）
```

② 6通り

2 ①

$\bigcirc <\begin{matrix}\bigcirc\\(\triangle)\end{matrix}$

$\triangle <\begin{matrix}(\bigcirc)\\(\triangle)\end{matrix}$ 順不同

② 4通り

3 6通り

4 3試合

---

p.90-91 **並べ方と組み合わせ方**

p.90-91

🌼🐾🌼 （まあまあ）

1 ①

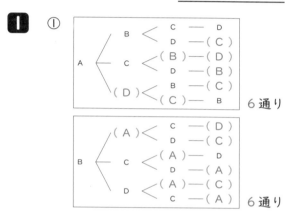

6通り

6通り

② 6通り

③ 24通り

2 ①

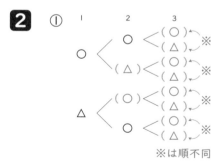

※は順不同

② 8通り

3 10通り

---

p.92-93 **並べ方と組み合わせ方**

p.92-93

🌼🌼🐾 （ちょいムズ）

1 ①

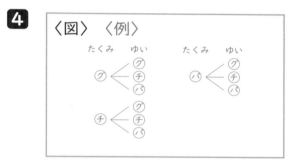

② 24通り

2 ① 12通り
② 6通り

3 ⑤ 1
⑥ 1
⑦ 5

4

〈図〉 〈例〉

たくみ ゆい   たくみ ゆい

グ <begin グ チ バ   パ < グ チ バ

チ < グ チ バ

答え 9通り

5 ① 600円
② 11円
③ 10通り

ピィすけ★アドバイス

2は、①と②のちがいに注意しよう。①は
・図書委員Aさん、体育委員Bさん
・図書委員Bさん、体育委員Aさん
の2通りあるけど、②は
・図書委員Aさん、Bさん
・図書委員Bさん、Aさん
は同じと考えるよ。

チェック＆ゲーム

データの調べ方

👑1
① —— あ
② —— い
③ —— う
④ —— え
⑤ —— お
⑥ —— か

👑2 7位

データの調べ方 🐾♡♡（やさしい）

1
① 25人
② 20m以上25m未満
③ 15m以上20m未満
④ 0m以上5m未満
⑤ 7番目から12番目

2 ①

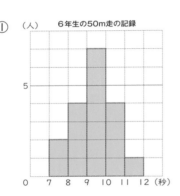

② 18人
③ 9秒以上10秒未満
④ 9秒以上10秒未満
⑤ 7番目から13番目

データの調べ方 ♡🐾♡（まあまあ）

1 ① 1組　21人
　　　 2組　22人

② 1組　15m以上20m未満
　　 2組　20m以上25m未満
③ 1組　20m以上25m未満
　　 2組　20m以上25m未満
④

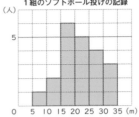
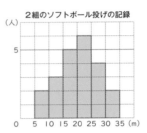

2 ①

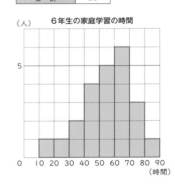

②

階級（分）	人数（人）
0以上～10未満	0
10以上～20未満	1
20以上～30未満	1
30以上～40未満	2
40以上～50未満	4
50以上～60未満	5
60以上～70未満	6
70以上～80未満	3
80以上～90未満	1
合　計	23

③ 最ひん値　60分
　 中央値　　50分

データの調べ方

（ちょいムズ）

1 ① 式 （100×3+95+90×2
　　　　　　+85×2+80+75）÷10=90

　　　　　　　　　　答え　90点

②

③ 最ひん値　100点
　　中央値　　90点

④ 95点（以上）

2 ① 式　321÷15=21.4

　　　　　　　　　答え　21.4kg

②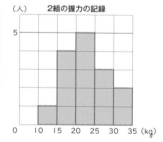

③

2組の握力の記録	
階級(kg)	人数(人)
10以上～15未満	1
15以上～20未満	4
20以上～25未満	5
25以上～30未満	3
30以上～35未満	2
合　計	15

④ 20kg

⑤ 20%

中学校に向けて　①

1 ① −10度
② +10度
③ −2kg

2 ① −7
② −3

3 ① −3
② −5
③ −3

4 ① 3−4=−1
② −2+2=0
③ −3+3=0
④ 3−5=−2
⑤ −4+3=−1
⑥ −5+3=−2

中学校に向けて　②

1 ① −4×3=−12
② 3×(−2)=−6
③ −4×(−4)=16
④ −2×(−5)=10

2 ① Ⓑ
② あ　三角すい
　　い　四角すい
　　う　円すい
③ Ⓑ

中学校に向けて　③

1 ① $5x$
② $6x$
③ $2x$
④ $3x$

2 ① $2x+3x=5x$
② $6x+4x=10x$
③ $5x-2x=3x$
④ $10x-8x=2x$

3 $5×5×\pi$ だから、25π

p.108-109 **中学校に向けて ④**

① $6 \times 6 \times 6 = 6^3$

② $1 \times 1 \times 1 \times 1 = 1^4$

③ $4 = 2^2$

④ $10^2 = 10 \times 10 = 100$

⑤ $1^{10} = 1$

①
$$x + 5 = 10$$
$$x + 5 - 5 = 10 - 5$$
$$x = 5$$

②
$$x - 3 = 7$$
$$x - 3 + 3 = 7 + 3$$
$$x = 10$$

p.110-111 **思考力ゲーム**

どちらがおトク？／フルーツの重さは？

式・考え方

〈大きい方〉

$12 \div 2 = 6$

$6 \times 6 \times 3.14 \times 10 = 1130.4$

〈小さい方〉

1個分の半径は

$12 \div 3 \div 2 = 2$

1個分の体積は

$2 \times 2 \times 3.14 \times 10 = 125.6$

これが9個分あるから、

$125.6 \times 9 = 1130.4$

量はどちらも同じ

① （上から順に）150、200

② 600

③ あ 300　　い 50

　 う 150　　え 100

p.112-113 **思考力ゲーム**

走って行くと？／いろいろクイズ

式・考え方

家から学校までは、

$100 \times 30 = 3000$（m）

分速200mで走っていくと、

$3000 \div 200 = 15$（分）

8時30分の15分前に出ればよいから、

答えは8時15分

式・考え方

全部歩いたとすると

$100 \times 40 = 4000$（m）

これだと、$5000 - 4000 = 1000$（m）

足りない。

この1000m分を「走る」にかえると、

1分あたり $200 - 100 = 100$（m）

速さが速くなる。

よって、1000mを走った時間は

$1000 \div 100 = 10$（分）

（道のり）（速さ）

歩いた時間は、$40 - 10 = 30$

答え　走った時間…10分、歩いた時間…30分

① 10

② 筆箱　　1050円

　 えん筆　 50円

〈考え方〉

線分図にすると、

1000円と ⌒ 2つ分で1100円だから、⌒ 1つ分は

$1100 - 1000 = 100$

$100 \div 2 = 50$

よって、えん筆は50円。

筆箱は、1000＋50＝1050（円）

※筆箱1000円、えん筆100円にすると、その差は1000－100で900円になってしまいます。

③　水曜日

〈考え方〉

100÷7＝14あまり2

14×7＝98

98日後が月曜日だから、100日後は水曜日。

④　18時間

〈考え方〉

3m上がって2mずり落ちるので、1時間に1m上がることができる。ただし、あと3mになったときは、ずり落ちる前にゴールできるから、

20－3＝17

17時間で17mまで上がり、あと1時間で3m上がることができるから、

17＋1＝18

p.114-115　**1年生のまとめ**

1　① 8＋6＝14

② 9＋7＝16

③ 15－9＝6

④ 13－5＝8

⑤ 70＋20＝90

⑥ 100－40＝60

⑦ 84＋3＝87

⑧ 29－8＝21

⑨ 14＋3－5＝12

⑩ 10－7＋6＝9

2　①

②

3　〈例〉 前から3人は、前から1番目と2番目と3番目の3人のことで、前から3人目は、3番目の1人だけのこと。

4　14枚

5　ⓘ

6　式　4＋1＋5＝10

答え　10人

7　〈例〉 バスに10人乗っていました。バス停で9人乗って、6人降りました。バスに何人乗っていますか。

p.116-117　**2年生のまとめ**

1　① 79＋68＝147

② 47＋56＝103

③ 81－37＝44

④ 150－78＝72

⑤ 6×8＝48

⑥ 7×4＝28

⑦ 8×7＝56

⑧ 8×9＝72

⑨ 9×6＝54

⑩ 9×9＝81

2　① 450

② 9990

③ （順に）100、1000

④ （順に）10、1000

3　〈例〉 箱に入る全部のチョコレートの数から、入っていない数をひく考え方。

4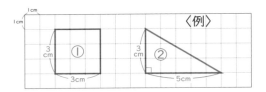

〈例〉

5
6 cm 　　4本
8 cm 　　4本
5 cm 　　4本
ねん土玉　8個

6 式　23－7＝16

答え　16個

p.118-119 　**3年生のまとめ**

1
① 578
　＋364
　　942

② 9̸0̸5
　－292
　　613

③ 6̸2̸7
　－139
　　488

④ 　76
　×38
　608
　228
　2888

⑤ 　30
　×28
　240
　60
　840

⑥ 　429
　×　87
　3003
　3432
　37323

⑦ 49÷6＝8あまり1

⑧ 71÷8＝8あまり7

⑨ $\frac{3}{7}+\frac{2}{7}=\frac{5}{7}$

⑩ $1-\frac{5}{8}=\frac{8}{8}-\frac{5}{8}$

$=\frac{3}{8}$

2
① 3000m
② 400cm
③ 2000kg
④ 60分

3 ①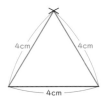

正三角形

②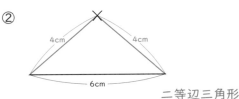

二等辺三角形

4 式　30÷4＝7あまり2
　　　　7＋1＝8

答え　8回

5 式　2.5－0.8＝1.7

答え　1.7L

ピィすけ★アドバイス

4は、30÷4＝7あまり2だね。
4きゃくずつ7回と、あと1回で残
りの2きゃくを運ぶから8回だね。

p.120-121 　**4年生のまとめ　①**

1
① 3420000608009
② 1000
③ 230
④ 0.075

2
① 　24
　4)96
　　8
　　16
　　16
　　0

② 　141
　5)705
　　5
　　20
　　20
　　　5
　　　5
　　　0

③ 　145
　6)873
　　6
　　27
　　24
　　33
　　30
　　3

④ 3.56
　＋2.79
　6.35

⑤ 6.25
　＋3.86
　10.11

⑥ 0.763
　＋5.86
　6.623

⑦ 4.2̸1
　－1.76
　2.45

⑧ 8̸0̸0
　－3.54
　4.46

⑨ 1̸0̸0̸0
　－0.865
　0.135

3 ①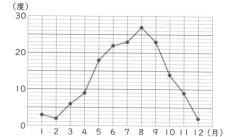

② ４月から５月

4 ①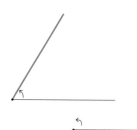

②

---

p.122-123　**４年生のまとめ　②**

1 ① 60÷20＝3

② 250÷40＝6 あまり 10

③
```
      3
24)83
   72
   11
```

④
```
      24
37)921
   74
   181
   148
     33
```

2 ① 360000

② 357000

③ 400000

④ 360000

3 ① 6＋4×3＝6＋12
$\qquad$＝18

② 132－32×2＝132－64
$\qquad$＝68

③ 8×（9－6÷2）＝8×6
$\qquad$＝48

④ 9－8÷4×2＝9－4
$\qquad$＝5

---

4 ① あ　平行四辺形

　　い　ひし形

② い

5 ①

正三角形の数(個)	1	2	3	4	5	6	7
まわりの長さ(cm)	6	8	10	12	14	16	18

② 2cm

③ 24cm

6 式　$2\frac{2}{7}-\frac{5}{7}=1\frac{9}{7}-\frac{5}{7}$

$\qquad =1\frac{4}{7}$

答え　$1\frac{4}{7}$m $\left(\frac{11}{7}\text{m}\right)$

---

p.124-125　**４年生のまとめ　③**

1 ① 0.8×5＝4

② 6.4÷2＝3.2

③
```
   34.6
 ×  28
  2768
  692
 968.8
```

④
```
     18
4)75.3
  4
  35
  32
   3.3
```

2 式　5×4＋3×（7－4）＝20＋9
$\qquad$＝29

答え　29cm²

3 ① 10

② 100

③ 2000000

④ 500

4 ① 立方体

② 面え

③ 面あ、面い、面え、面か　※順不同

④ 点エ、点ク　※順不同

5 ① ②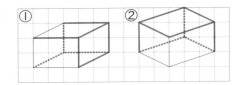

6 式　$15 \div 6 = 2.5$

答え　2.5倍

7 式　$0.45 \times 8 = 3.6$

答え　3.6kg

p.126-127　**5年生のまとめ　①**

1 ① （順に）5、0、8
② 321
③ 0.0469
④ 8715

2 ① 式　$2 \times 6 \times 4 = 48$

答え　48cm³
② 式　$6 \times 4 \times 4 + 6 \times (9 - 4) \times 3$
$= 96 + 90$
$= 186$

答え　186cm³

3 ①

個数□(個)	1	2	3	4	5	6	7	8	9	10
代金○(円)	50	100	150	200	250	300	350	400	450	500

② $50 \times □ = ○$

4 ①
$$\begin{array}{r} 3.5 \\ \times\ 4.6 \\ \hline 210 \\ 140 \\ \hline 16.10 \end{array}$$

②
$$\begin{array}{r} 0.83 \\ \times\ \ 2.7 \\ \hline 581 \\ 166 \\ \hline 2.241 \end{array}$$

③
$$\begin{array}{r} 0.35 \\ 74\overline{)25.90} \\ 222 \\ \hline 370 \\ 370 \\ \hline 0 \end{array}$$

④
$$\begin{array}{r} 0.75 \\ 4.8\overline{)3.600} \\ 336 \\ \hline 240 \\ 240 \\ \hline 0 \end{array}$$

5 ①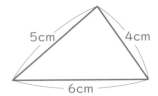

②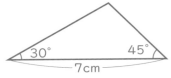

※答えは縮小しています。

p.128-129　**5年生のまとめ　②**

1 ① 80°
② 100°

2 ① 25
② 最小公倍数　72
最大公約数　12
③ 午前8時24分

3 $94 \times 4 = 376$
$95 \times 5 = 475$
$475 - 376 = 99$

答え　99点

4 ① $\dfrac{1}{6} + \dfrac{3}{8} = \dfrac{4}{24} + \dfrac{9}{24}$
$= \dfrac{13}{24}$

② $\dfrac{11}{12} - \dfrac{5}{9} = \dfrac{33}{36} - \dfrac{20}{36}$
$= \dfrac{13}{36}$

③ $\dfrac{1}{2} + \dfrac{1}{3} + \dfrac{1}{4} = \dfrac{6}{12} + \dfrac{4}{12} + \dfrac{3}{12}$
$= \dfrac{13}{12} \left(1\dfrac{1}{12} \right)$

④ $\dfrac{2}{3} + \dfrac{5}{8} - \dfrac{1}{6} = \dfrac{16}{24} + \dfrac{15}{24} - \dfrac{4}{24}$

$= \dfrac{27}{24}$

$= \dfrac{9}{8} \left(1\dfrac{1}{8} \right)$

5 〈A〉 式　$180 \div 15 = 12$

〈B〉 式　$350 \div 25 = 14$

答え　B

6 ① 式　$8 \times 4 \div 2 = 16$

答え　16cm²

② 式　$(4 + 6) \times 3 \div 2 = 15$

答え　15cm²

③ 式　$3 \times 2 \times 7 \times 2 \div 2 = 42$

答え　42cm²

p.130-131　**5年生のまとめ　③**

1 ① 75%

② 40%

③ 36円

④ 50人

2

種類	件数(件)	百分率(%)
すりきず	42	35
打ぼく	30	25
切りきず	24	20
ねんざ	18	15
その他	6	5
合計	120	100

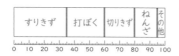

3 ① 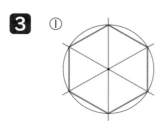　②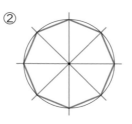

4 式　$5 \times 2 \times 3.14 = 31.4$

答え　31.4cm

5 ① 三角柱

② 側面

③ 〈例〉

p.132-133　6年生のまとめ　①-A

（やさしい）

1 う、え　※順不同

2 ① い

② う

③ え

④ あ

3 ① $\dfrac{5}{6} \times 3 = \dfrac{5 \times \cancel{3}^{1}}{\cancel{6}_{2}} = \dfrac{5}{2} \left(2\dfrac{1}{2} \right)$

② $\dfrac{5}{8} \times \dfrac{3}{10} = \dfrac{\cancel{5} \times 3}{8 \times \cancel{10}_{2}} = \dfrac{3}{16}$

③ $\dfrac{3}{5} \div 6 = \dfrac{\cancel{3} \times 1}{5 \times \cancel{6}_{2}} = \dfrac{1}{10}$

④ $\dfrac{7}{12} \div \dfrac{7}{8} = \dfrac{\cancel{7} \times \cancel{8}^{2}}{_{3}\cancel{12} \times \cancel{7}_{1}} = \dfrac{2}{3}$

4 ① 3：4

② 2：3

③ 2：3

④ 4：3

5 式　$\dfrac{8}{9} \div \dfrac{8}{7} = \dfrac{\cancel{8} \times 7}{9 \times \cancel{8}_{1}}$

$= \dfrac{7}{9}$

答え　$\dfrac{7}{9}$m²

6 式 $\dfrac{11}{12} \times \dfrac{4}{9} = \dfrac{11 \times \overset{1}{\cancel{4}}}{\underset{3}{\cancel{12}} \times 9}$

$= \dfrac{11}{27}$

答え $\dfrac{11}{27}$ kg

7 式 $3 + 2 = 5$

$30 \times \dfrac{3}{5} = \dfrac{\overset{6}{\cancel{30}} \times 3}{\underset{1}{\cancel{5}}} = 18$（わたし）

$30 - 18 = 12$（妹）

答え わたし…18個 妹…12個

ピィすけ★アドバイス

5 は、1dLあたりを求めるから、
$\dfrac{8}{7}$ dLでわるといいね！

p.134-135 **6年生のまとめ ①－B**

😊👋（ちょいムズ）

1

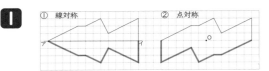

① 線対称   ② 点対称

2 ① $y = x + 10$
② $y = 10 \div x$
③ $y = 15 \times x$
④ $y = 2 - x$

3 ① $\dfrac{5}{8} \times \dfrac{4}{15} \times \dfrac{3}{7} = \dfrac{\overset{1}{\cancel{5}} \times \overset{1}{\cancel{4}} \times \overset{1}{\cancel{3}}}{\underset{2}{\cancel{8}} \times \cancel{15} \times 7}$

$= \dfrac{1}{14}$

② $\dfrac{5}{9} \div \dfrac{8}{15} \div \dfrac{5}{6} = \dfrac{\overset{1}{\cancel{5}} \times \overset{5}{\cancel{15}} \times \overset{3}{\cancel{6}}}{\underset{3}{\cancel{9}} \times \underset{4}{\cancel{8}} \times \underset{1}{\cancel{5}}}$

$= \dfrac{5}{4} \left(1\dfrac{1}{4}\right)$

③ $\dfrac{3}{5} \times \dfrac{7}{12} \div \dfrac{14}{15} = \dfrac{\overset{1}{\cancel{3}} \times \overset{1}{\cancel{7}} \times \overset{3}{\cancel{15}}}{\cancel{5} \times \underset{4}{\cancel{12}} \times \underset{2}{\cancel{14}}}$

$= \dfrac{3}{8}$

④ $\dfrac{7}{9} \div \dfrac{2}{3} \times \dfrac{6}{7} = \dfrac{\overset{1}{\cancel{7}} \times \overset{1}{\cancel{3}} \times \overset{3}{\cancel{6}}}{\underset{3}{\cancel{9}} \times \underset{1}{\cancel{2}} \times \underset{1}{\cancel{7}}}$

$= 1$

4 ① $2 : 5$
② $3 : 4$
③ $9 : 2$
④ $4 : 3$

5 式 $1\dfrac{1}{9} \div 2\dfrac{2}{3} = \dfrac{10}{9} \div \dfrac{8}{3}$

$= \dfrac{\overset{5}{\cancel{10}} \times \overset{1}{\cancel{3}}}{\underset{3}{\cancel{9}} \times \underset{4}{\cancel{8}}}$

$= \dfrac{5}{12}$

答え $\dfrac{5}{12}$ m²

6 式 $6 \div \dfrac{3}{16} = \dfrac{\overset{2}{\cancel{6}} \times 16}{\underset{1}{\cancel{3}}}$

$= 32$

答え 32人

7 式 $2 + 3 = 5$

$70 \div 2 = 35$

$35 \times \dfrac{2}{5} = \dfrac{\overset{7}{\cancel{35}} \times 2}{\underset{1}{\cancel{5}}}$

$= 14$（縦）

$35 - 14 = 21$

答え 縦14cm、横21cm

p.136-137 **6年生のまとめ ②－A**

👋😊（やさしい）

1

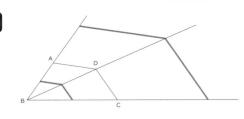

2 ① 式 $4 \times 4 \times 3.14 = 50.24$

答え　50.24cm²

② 式 $8 \times 8 \times 3.14 \div 4 = 50.24$

答え　50.24cm²

3 ① 三角柱

式 $8 \times 4 \div 2 \times 6 = 96$

答え　96cm³

② 円柱

式 $3 \times 3 \times 3.14 \times 10 = 282.6$

答え　282.6cm³

4 ① 直方体（四角柱）

② 式 $7 \times 7 \times 20 = 980$

答え　980cm³

5 式 $10 \times 10000 = 100000$ （cm）

$= 1$ km

答え　1 km

ピィすけ★アドバイス

4 は、牛乳パックの容積は計算では
1000cm³より少ないけど、パック
がふくらむから約1000cm³（1 L）
入るんだって！

p.138-139　**6年生のまとめ　②−B**

☐🐾（ちょいムズ）

1

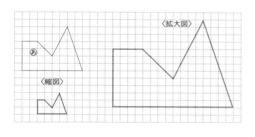

2 ① 式 $6 \times 6 \times 3.14 \div 2 = 56.52$

答え　56.52cm²

② 式 $10 \times 10 - 10 \times 10 \times 3.14 \div 4$

$= 100 - 78.5$

$= 21.5$

答え　21.5cm²

3 ① 四角柱

式 $(6 + 4) \times 3 \div 2 \times 10$

$= 150$

答え　150cm³

② 円柱

式 $4 \times 4 \times 3.14 \times 5 = 251.2$

答え　251.2cm³

4 ① 三角柱

② 式 $6 \times 10 \div 2 \times 6 = 180$

答え　180cm³

5 式 （2 km＝200000cm）

$200000 \div 50000 = 4$

答え　4 cm

p.140-141　**6年生のまとめ　③−A**

🐾🌸（やさしい）

1 ① ○

② ×

③ △

④ ○

⑤ ×

⑥ △

2 6通り

3 8通り

4 ① （人） 6年生の50m走の記録

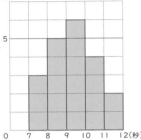

② 20人

③ 9秒以上10秒未満

④ 9秒以上10秒未満

⑤ 25%

p.142-143 **6年生のまとめ ③−B**

🌸🐾（ちょいムズ）

1 ①

横の長さ x(cm)	1	2	3	4	5	6	7	8	9	10
面積 y(cm²)	5	10	15	20	25	30	35	40	45	50

② 比例している

③ $y = 5 \times x$

④ 16cm

⑤
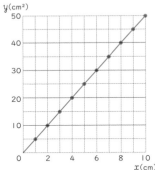

2 24通り

3 5通り

4 ① 式 450÷20＝22.5

答え 22.5m

②

③ 最ひん値 18m

中央値 24m

④
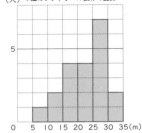

1組のソフトボール投げの記録

階級(m)	人数(人)
5以上〜10未満	1
10以上〜15未満	2
15以上〜20未満	4
20以上〜25未満	4
25以上〜30未満	7
30以上〜35未満	2
合　計	20

⑤ （人） 1組のソフトボール投げの記録

ピィすけ★アドバイス

3は、5人から4人選ぶことは、1人だけ選ばれないことと同じだから、5通りになるね！